1-5

개념과 유형으로 익히는 **매스티안**

사고력 연산
EGG 에그

덧셈과 뺄셈 2

개념과 유형으로 익히는 **매스티안**

사고력 연산

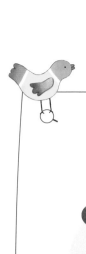

EGG 에그

덧셈과 뺄셈 2

이 책에서는 받아올림이 있는 덧셈과 받아내림이 있는 뺄셈을 학습하기에 앞서 한 자리 수인 세 수의 덧셈과 뺄셈, 이어 세기로 두 수 바꾸어 더하기, 10이 되는 더하기와 10에서 빼기, 합이 10이 되는 두 수를 이용한 세 수의 덧셈 등을 학습합니다. 먼저 한 자리 수인 두 수의 덧셈과 뺄셈에 대한 이해를 바탕으로 한 자리 수 범위에서 세 수의 덧셈과 뺄셈을 해 봅니다. 또한 이어 세기를 통해 두 수를 바꾸어 더해도 합이 같다는 것을 알고, 이를 활용하여 보다 효율적으로 계산하는 방법을 경험하게 됩니다. 10에 대한 보수 관계의 이해를 바탕으로 합이 10이 되는 더하기와 10에서 빼기를 익히고, 합이 10인 두 수를 이용하는 세 수의 덧셈을 통해 이후 학습하게 될 (몇)+(몇)=(십몇), (십몇)−(몇)=(몇)의 토대를 마련하게 됩니다. 이는 앞으로의 수학 학습에 있어 중요한 기초가 됩니다.

EGG의 학습법

1 먼저 상자 안의 설명을 잘 읽고, 수학적 개념과 계산 방법을 익혀요!

2 문제를 살펴보고 설명대로 천천히 풀다 보면 문제의 해결 방법을 알 수 있어요.

문제를 풀다 보면 종종 우리를 발견할 수 있어!

우리는 너희가 개념을 이해하고 문제를 푸는 데 도움이 되는 설명이나 풀이 방법을 보여 줄 거야.

3 여우와 당나귀가 보여 주는 설명이나 예시를 통해 계산 방법에 대한 중요한 정보도 얻을 수 있어요.

4 문제를 풀고 난 다음에는 잘 해결했는지 스스로 다시 한 번 꼼꼼하게 확인해요.

5 자, 이제 한 뼘 더 자란 수학 실력으로 다음 문제에 도전해 보세요!

문제를 하나씩 해결해 가는 과정을 천천히 즐겨 보세요! 여러분은 분명 수학을 좋아하게 될 거예요.

EGG의 구성

	1단계	2단계	3단계
1	**10까지의 수 / 덧셈과 뺄셈**	**세 자리 수**	**나눗셈 1**
	10까지의 수 10까지의 수 모으기와 가르기 한 자리 수의 덧셈 한 자리 수의 뺄셈	1000까지의 수 뛰어 세기 수 배열표 세 자리 수의 활용	똑같이 나누기 곱셈과 나눗셈의 관계 곱셈식으로 나눗셈의 몫 구하기 곱셈구구로 나눗셈의 몫 구하기
2	**20까지의 수 / 덧셈과 뺄셈**	**두 자리 수의 덧셈과 뺄셈**	**곱셈 1**
	20까지의 수 19까지의 수 모으기와 가르기 19까지의 덧셈 19까지의 뺄셈	받아올림/받아내림이 있는 (두 자리 수)+(한 자리 수) (두 자리 수)−(한 자리 수) (두 자리 수)+(두 자리 수) (두 자리 수)−(두 자리 수)	(몇십)×(몇) (두 자리 수)×(한 자리 수) 여러 가지 방법으로 계산하기 곱셈의 활용
3	**100까지의 수**	**덧셈과 뺄셈의 활용**	**분수와 소수의 기초**
	50까지의 수 100까지의 수 짝수와 홀수 수 배열표	덧셈과 뺄셈의 관계 덧셈과 뺄셈의 활용 □가 있는 덧셈과 뺄셈 세 수의 덧셈과 뺄셈	분수 개념 이해하기 전체와 부분의 관계 소수 개념 이해하기 자연수와 소수 이해하기 진분수, 가분수, 대분수 이해하기
4	**덧셈과 뺄셈 1**	**곱셈구구**	**곱셈 2**
	받아올림/받아내림이 없는 (두 자리 수)+(한 자리 수) (두 자리 수)+(두 자리 수) (두 자리 수)−(한 자리 수) (두 자리 수)−(두 자리 수)	묶어 세기, 몇 배 알기 2, 5, 3, 6의 단 곱셈구구 4, 8, 7, 9의 단 곱셈구구 1의 단 곱셈구구, 0의 곱 곱셈구구의 활용	(세 자리 수)×(한 자리 수) (몇십)×(몇십) (몇십몇)×(몇십) (한 자리 수)×(두 자리 수) (두 자리 수)×(두 자리 수)
5	**덧셈과 뺄셈 2**	**네 자리 수**	**나눗셈 2**
	세 수의 덧셈과 뺄셈 10이 되는 더하기 10에서 빼기 10을 만들어 더하기 10을 이용한 모으기와 가르기	네 자리 수의 이해 각 자리 숫자가 나타내는 값 뛰어 세기 네 자리 수의 크기 비교 네 자리 수의 활용	(몇십)÷(몇) (몇십몇)÷(몇) (세 자리 수)÷(한 자리 수) 계산 결과가 맞는지 확인하기 나눗셈의 활용
6	**덧셈과 뺄셈 3**	**세 자리 수의 덧셈과 뺄셈**	**곱셈과 나눗셈**
	(몇)+(몇)=(십몇) (십몇)−(몇)=(몇) 덧셈과 뺄셈의 관계 덧셈과 뺄셈의 활용	받아올림이 없는/있는 (세 자리 수)+(세 자리 수) 받아내림이 없는/있는 (세 자리 수)−(세 자리 수)	(세 자리 수)×(몇십) (세 자리 수)×(두 자리 수) (두 자리 수)÷(두 자리 수) (세 자리 수)÷(두 자리 수) 곱셈과 나눗셈의 활용

이 책의 내용 (1-5)

주제	쪽
한 자리 수인 세 수의 덧셈 세 수의 덧셈 이해하기 그림을 이용하여 세 수의 덧셈하기 세로로 계산하여 세 수의 덧셈하기 여러 가지 방법으로 세 수의 덧셈식 나타내기 상황에 맞는 식 만들기 세 수의 덧셈의 활용	4~17
한 자리 수인 세 수의 뺄셈 세 수의 뺄셈 이해하기 그림을 이용하여 세 수의 뺄셈하기 세로로 계산하여 세 수의 뺄셈하기 상황에 맞는 식 만들기 세 수의 뺄셈의 활용	18~27
세 수의 덧셈과 뺄셈 0이 있는 세 수의 덧셈하기 0이 있는 세 수의 뺄셈하기 상황에 맞게 덧셈, 뺄셈하기	28~31
십몇이 되는 한 자리 수의 덧셈 이어 세기로 두 수 더하기 두 수 바꾸어 더하기 합이 같은 덧셈식 찾기	32~38
10이 되는 더하기, 10에서 빼기 합이 10이 되는 더하기 10에서 빼기 세 수의 합으로 10 만들기 10에서 두 수 빼기	39~53
10을 만들어 더하기 앞의 두 수로 10을 만들어 세 수 더하기 뒤의 두 수로 10을 만들어 세 수 더하기 양 끝의 두 수로 10을 만들어 세 수 더하기 세 수의 덧셈 문제 해결하기	54~77
10을 이용하여 모으기와 가르기 구체물을 이용한 모으기와 가르기 10을 이용한 수 모으기와 가르기	78~83

세 수의 덧셈의 기초

1)

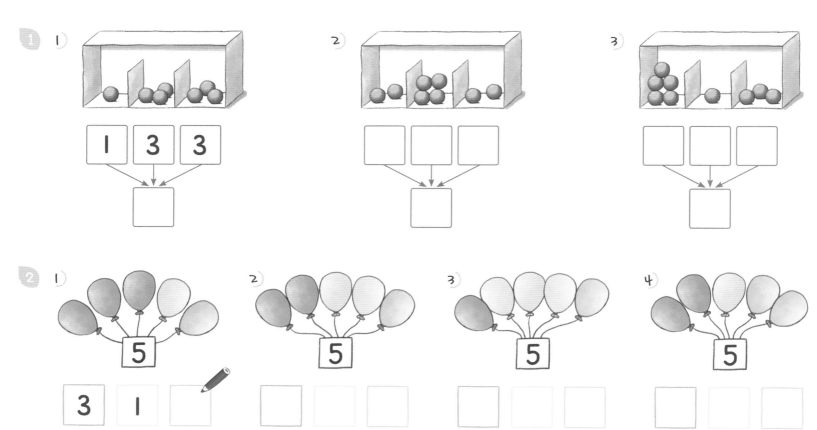

2) 풍선

1) 3 1 □

2) □ □ □

3) □ □ □

4) □ □ □

3 7인 것을 모두 찾아 ◯표 하세요.

4 8이 아닌 것을 모두 찾아 ✕표 하세요.

세 수의 덧셈의 기초

5 1)

2 + **3** + ___

2)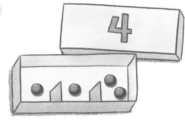

___ + ___ + ___

3)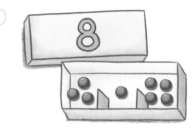

___ + ___ + ___

4)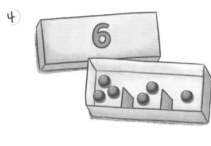

___ + ___ + ___

5)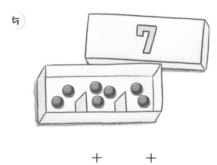

___ + ___ + ___

6)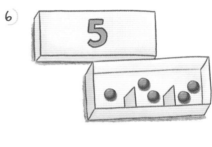

___ + ___ + ___

6 여러 가지 방법으로 ◯를 3가지 색으로 칠하고, 덧셈식으로 나타내어 보세요.

 **3** + **1** + **2**

 ___ + ___ + ___

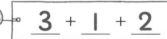 ___ + ___ + ___

 ___ + ___ + ___

 ___ + ___ + ___

 ___ + ___ + ___

 ___ + ___ + ___

 ___ + ___ + ___

7 세 부분으로 나누고 덧셈식으로 나타내어 보세요.

1)

3 ___ + ___ + ___

2)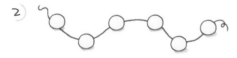

6 ___ + ___ + ___

3)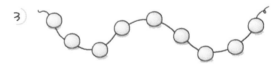

9 ___ + ___ + ___

4)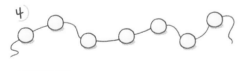

7 ___ + ___ + ___

5)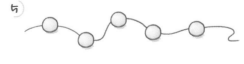

5 ___ + ___ + ___

6)

8 ___ + ___ + ___

5

세 수의 덧셈의 기초

말풍선: □ 안의 수가 되도록 빈칸에 ●을 그려 넣고, 덧셈식으로 나타내어 봐!

1) 8
2 + 5 + ___

2) 6
___ + ___ + ___

3) 7
___ + ___ + ___

2 연필의 수가 ▭ 안의 수가 되도록 그림을 그리고, 덧셈식으로 나타내어 보세요.

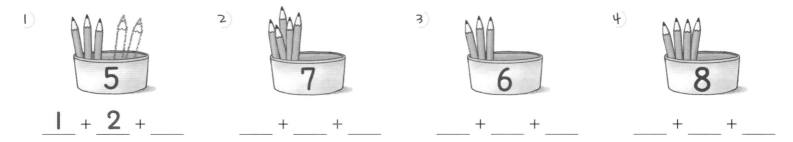

1) 5
1 + 2 + ___

2) 7
___ + ___ + ___

3) 6
___ + ___ + ___

4) 8
___ + ___ + ___

3 □ 안의 수가 되도록 여러 가지 방법으로 ○를 그려 넣고, 덧셈식으로 나타내어 보세요.

1) 9
3 + 4 + 2
___ + ___ + ___
___ + ___ + ___

말풍선: 빈칸이 없도록 나누어 그려 봐.

2) 7
___ + ___ + ___
___ + ___ + ___
___ + ___ + ___

4 소은이는 사탕 6개를 언니, 동생과 나누어 먹으려고 해요. 언니가 가장 많이 먹고 동생이 가장 적게 먹도록 ○를 그려 넣고, 사탕의 수를 세 수의 합으로 나타내어 보세요.

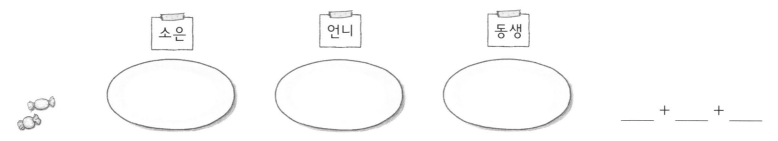

소은   언니   동생

___ + ___ + ___

5 세 수의 합을 구해 보세요.

 ① 1 4 4

 ② 2 2 4

 ③ 1 4 1

 ④ 2 4 1

6 ○에 적힌 세 수의 합이 ⌒ 안의 수가 되도록 빈칸에 수를 써넣으세요.

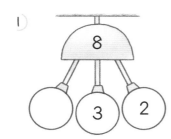 ① 8 / □ 3 2

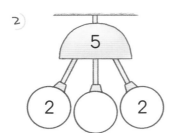 ② 5 / □ 2 2

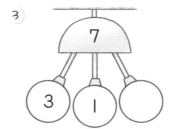 ③ 7 / 3 1 □

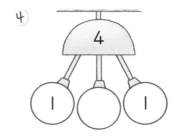 ④ 4 / 1 □ 1

7 더해서 ▢ 안의 수가 되는 세 수를 찾아 색칠하고, 덧셈식으로 나타내어 보세요.

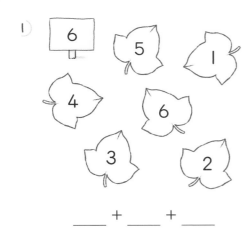 ① 6 / 5 1 4 6 3 2

___ + ___ + ___

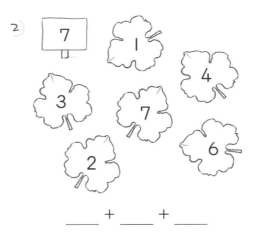 ② 7 / 1 4 3 7 6 2

___ + ___ + ___

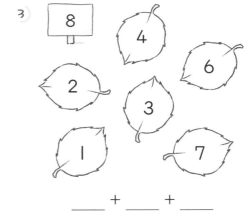 ③ 8 / 4 6 2 3 1 7

___ + ___ + ___

8 ①

8				
1	+	1	+	6
	+		+	
	+		+	
	+		+	
	+		+	

여러 가지 방법으로 세 수의 덧셈식을 만들어 봐.

②

9				
	+		+	
	+		+	
	+		+	
	+		+	
	+		+	

세 수의 덧셈

1 그림을 보고 빈칸에 알맞은 수를 써넣어 색칠한 ◯의 수를 구해 보세요.

1)

$4 + 1 = 5$

$5 + 3 =$ ___

➡ $4 + 1 + 3 =$ ___

2)

$2 + 2 =$ ___

___ $+ 5 =$ ___

➡ $2 + 2 + 5 =$ ___

3)

$5 + 3 =$ ___

___ $+ 1 =$ ___

➡ $5 + 3 + 1 =$ ___

4)
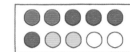

$2 + 4 =$ ___

___ $+ 2 =$ ___

➡ $2 + 4 + 2 =$ ___

2 1)

$4 + 2 + 3 =$ ___

2)

___ $+$ ___ $+$ ___ $=$ ___

3)

___ $+$ ___ $+$ ___ $=$ ___

3 1)

$2 + 6 + 1 =$ ___

자동차의 수를
세 수의 덧셈식으로
나타내어 봐.

2)

___

3)

___

4)

___

4 알맞은 식을 쓰고 계산해 보세요.

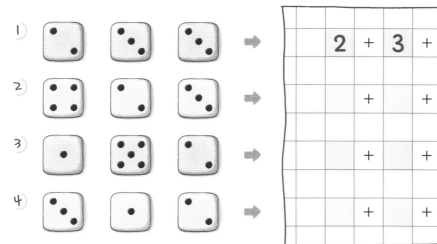

1) → $2 + 3 + 3 =$

2) → $\quad + \quad + \quad =$

3) → $\quad + \quad + \quad =$

4) → $\quad + \quad + \quad =$

5 식에 맞게 ◯를 색칠하여 덧셈을 해 보세요.

1)
$3 + 1 + 3 = \_\_\_$

2)
$4 + 2 + 3 = \_\_\_$

3)
$2 + 3 + 1 = \_\_\_$

4)
$1 + 2 + 2 = \_\_\_$

6 1) $2 + 1 + 5 = \_\_\_$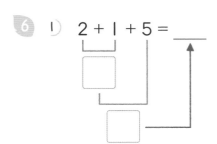

2) $4 + 2 + 1 = \_\_\_$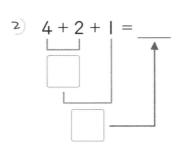

3) $2 + 4 + 3 = \_\_\_$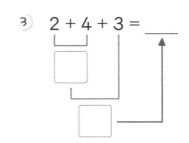

4) $1 + 5 + 1 = \_\_\_$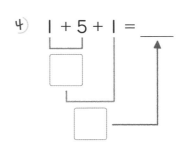

7 빈칸에 알맞은 수를 써넣어 계산해 보세요.

1) $3 + 5 + 1 = \_\_\_$

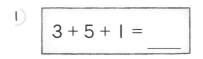
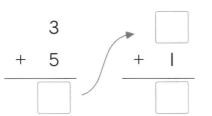

2) $1 + 3 + 2 = \_\_\_$

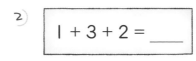
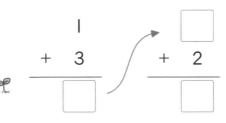

3) $2 + 4 + 2 = \_\_\_$

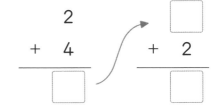

세 수의 덧셈

1 그림을 보고 알맞은 덧셈식을 써 보세요.

1) $\underline{3} + \underline{2} + \underline{2} = \underline{}$

2) $\underline{} + \underline{} + \underline{} = \underline{}$

3) $\underline{} + \underline{} + \underline{} = \underline{}$

4) $\underline{} + \underline{} + \underline{} = \underline{}$

5) $\underline{} + \underline{} + \underline{} = \underline{}$

6) $\underline{} + \underline{} + \underline{} = \underline{}$

2 식에 맞게 표시하여 덧셈을 해 보세요.

1) $4 + 1 + 2 = \underline{}$

2) $2 + 5 + 1 = \underline{}$

3) $3 + 4 + 2 = \underline{}$

3

1)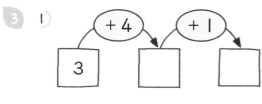

➡ $3 + 4 + 1 = \underline{}$

2)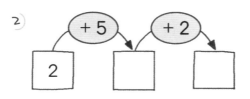

➡ $2 + 5 + 2 = \underline{}$

3)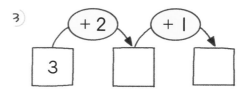

➡ $3 + 2 + 1 = \underline{}$

4)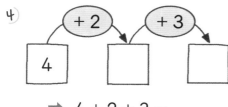

➡ $4 + 2 + 3 = \underline{}$

5)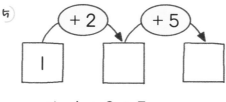

➡ $1 + 2 + 5 = \underline{}$

6)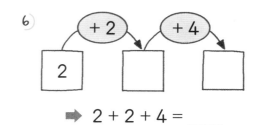

➡ $2 + 2 + 4 = \underline{}$

4

1) $2 + 2 + 3 = \underline{}$

$\boxed{4}$ (4+3)

2) $2 + 4 + 2 = \underline{}$

3) $1 + 3 + 1 = \underline{}$

4) $3 + 3 + 3 = \underline{}$

5) $4 + 2 + 1 = \underline{}$

6) $1 + 5 + 3 = \underline{}$

7) $2 + 3 + 3 = \underline{}$

8) $3 + 1 + 2 = \underline{}$

⑤
$3 + 2 + 3 =$ ____

$1 + 1 + 4 =$ ____

$2 + 3 + 2 =$ ____

$4 + 3 + 2 =$ ____

$$\begin{array}{r} 3 \\ +\ 2 \\ \hline 5 \end{array}$$

$$\begin{array}{r} 2 \\ +\ 4 \\ \hline \end{array}$$

$$\begin{array}{r} 5 \\ +\ 3 \\ \hline 8 \end{array}$$

$$\begin{array}{r} 1 \\ +\ 1 \\ \hline \end{array}$$

$$\begin{array}{r} 5 \\ +\ 2 \\ \hline \end{array}$$

$$\begin{array}{r} 4 \\ +\ 3 \\ \hline \end{array}$$

$$\begin{array}{r} 2 \\ +\ 3 \\ \hline \end{array}$$

$$\begin{array}{r} 7 \\ +\ 2 \\ \hline \end{array}$$

⑥ 과녁을 맞혀서 얻은 점수를 구해 보세요.

1)
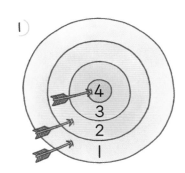
$4+2+1=$ ____

____ 점

2)
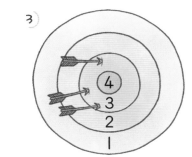

____ 점

3)

____ 점

4)
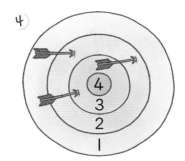

____ 점

⑦ 관계있는 것끼리 선으로 잇고 빈칸에 알맞은 수를 써넣으세요.

$3 + 1 + 4 =$ ____

$3 + 3 + 2 =$ ____

$3 + 2 + 2 =$ ____

세 수의 덧셈

1

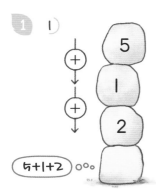

1) $5 + 1 + 2$

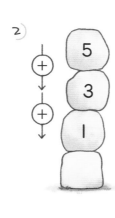

2)

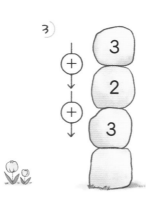

3)

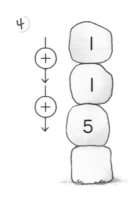

4)

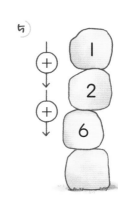

5)

2

1) $2 + 1 + 3 =$ ___
$2 + 3 + 3 =$ ___
$2 + 2 + 3 =$ ___
$2 + 4 + 3 =$ ___

2) $3 + 1 + 1 =$ ___
$3 + 2 + 1 =$ ___
$3 + 4 + 1 =$ ___
$3 + 3 + 1 =$ ___

3) $4 + 1 + 3 =$ ___
$4 + 1 + 4 =$ ___
$4 + 1 + 2 =$ ___
$4 + 1 + 1 =$ ___

4) $1 + 1 + 1 =$ ___
$3 + 3 + 1 =$ ___
$4 + 4 + 1 =$ ___
$2 + 2 + 1 =$ ___

3 계산 결과를 찾아 같은 색으로 칠해 보세요.

| 5 | 6 |
| 7 | 8 | 9 |

$1 + 2 + 3$		$2 + 2 + 4$		$3 + 3 + 2$
	$1 + 3 + 1$			$2 + 1 + 4$
$1 + 5 + 1$		$6 + 2 + 1$		
$4 + 2 + 3$		$2 + 2 + 2$		$2 + 1 + 2$

4 잘못된 식을 모두 찾아 ⊠표 하세요.

$1 + 2 + 5 = 8$

$4 + 3 + 2 = 8$ ✕

$1 + 7 + 1 = 9$

$2 + 3 + 1 = 6$

$2 + 4 + 1 = 7$

$1 + 4 + 1 = 5$

$3 + 1 + 4 = 9$

$5 + 1 + 3 = 8$

$2 + 5 + 2 = 9$

$1 + 3 + 2 = 7$

5 주어진 식에 맞는 내용을 찾아 ✓표 하고 계산 결과를 구해 보세요.

$3 + 5 + 1 =$ _____

☐ 사탕 3개와 젤리 5개가 있는데 그중 1개는 포도 맛이에요.

☐ 나비 3마리와 잠자리 5마리가 있었는데 그중 1마리가 날아갔어요.

☐ 바구니에 사과 3개, 바나나 5개, 오렌지 1개가 들어 있어요.

6 동화책 3권, 위인전 1권, 만화책 2권을 읽었어요. 책을 모두 몇 권 읽었을까요?

여행 가방에 티셔츠 5벌, 치마 2벌, 바지 1벌을 넣었어요. 가방에 넣은 옷은 모두 몇 벌일까요?

케이크에 빨간색 초 2개, 노란색 초 3개, 파란색 초 3개를 꽂았어요. 케이크에 꽂은 초는 모두 몇 개일까요?

토끼에게 당근을 아침에 3개, 점심에 3개, 저녁에 3개 주었어요. 하루 동안 당근을 모두 몇 개 주었을까요?

$2 + 3 + 3 =$ _____

$3 + 3 + 3 =$ _____

$3 + 1 + 2 =$ _____

$5 + 2 + 1 =$ _____

토끼에게 준 당근은 모두 _____개예요.

케이크에 꽂은 초는 모두 _____개예요.

읽은 책은 모두 _____권이에요.

가방에 넣은 옷은 모두 _____벌이에요.

7 1) 구슬을 2개 가지고 있었는데 누나에게 4개를 받고, 형에게 2개를 받았어요. 내가 가진 구슬은 모두 몇 개일까요?

2) 꽃병에 빨간색 꽃이 2송이, 노란색 꽃이 2송이, 하얀색 꽃이 5송이 있어요. 꽃은 모두 몇 송이일까요?

식 _____ 답 _____개

식 _____ 답 _____송이

8 지호가 친구들과 팔씨름을 해서 이긴 횟수를 나타낸 것이에요. 지호는 모두 몇 번 이겼을까요?

_____번

지호	현민
3	0

지호	서우
2	1

지호	연아
1	2

세 수의 덧셈의 활용

1 계산 결과가 더 큰 쪽에 색칠해 보세요.

1) | 2 + 3 + 1 | 5 + 1 + 1 |

2) | 6 + 1 + 2 | 3 + 4 + 1 |

3) | 4 + 1 + 3 | 3 + 5 + 1 |

4) | 2 + 2 + 3 | 4 + 1 + 1 |

5) | 2 + 4 + 1 | 1 + 6 + 1 |

6) | 2 + 5 + 2 | 2 + 3 + 2 |

7) | 4 + 2 + 2 | 3 + 2 + 1 |

8) | 1 + 2 + 6 | 3 + 3 + 2 |

9) | 1 + 2 + 2 | 2 + 1 + 3 |

2 ◯ 안에 >, =, <를 알맞게 써넣으세요.

1) 1 + 3 + 4 ◯ 7

2 + 4 + 2 ◯ 9

5 + 1 + 2 ◯ 8

2) 8 ◯ 2 + 4 + 3

5 ◯ 2 + 1 + 2

6 ◯ 1 + 1 + 3

3) 1 + 1 + 5 ◯ 2 + 2 + 2

5 + 1 + 3 ◯ 1 + 4 + 4

1 + 1 + 6 ◯ 3 + 3 + 3

3 계산 결과가 더 큰 쪽을 따라가 보세요.

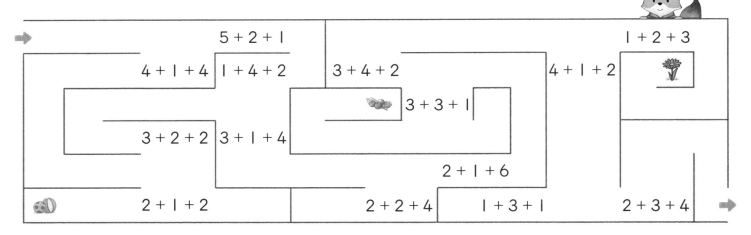

4 합이 큰 것부터 차례대로 1, 2, 3, 4를 써넣으세요.

1)

2)

세 수의 덧셈의 활용

5 합이 가장 큰 것에 ○표, 가장 작은 것에 △표 하세요.

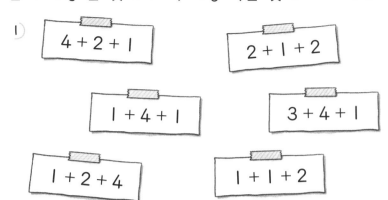

1)
4 + 2 + 1   2 + 1 + 2
1 + 4 + 1   3 + 4 + 1
1 + 2 + 4   1 + 1 + 2

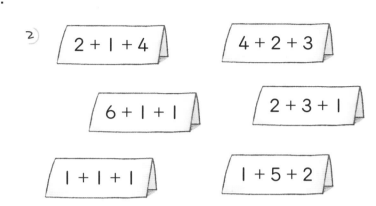

2)
2 + 1 + 4   4 + 2 + 3
6 + 1 + 1   2 + 3 + 1
1 + 1 + 1   1 + 5 + 2

6 계산을 하여 알맞게 이어 보세요.

1 + 2 + 1   3 + 1 + 1
4 + 1 + 4   1 + 4 + 3
2 + 2 + 1   3 + 2 + 2

6보다 작아요.   6보다 커요.

7 합이 작은 것부터 차례대로 이어 그림을 완성 하세요.

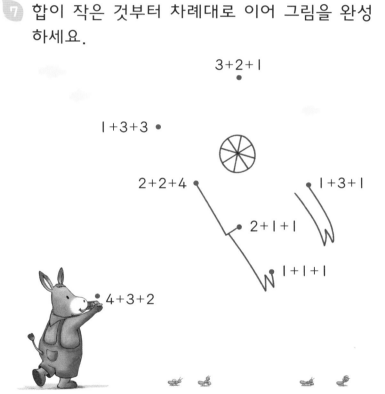

3+2+1

1+3+3

2+2+4   1+3+1

2+1+1

1+1+1

4+3+2

8

알맞은 색으로 칠해 봐!

합이 7보다 작은 식
합이 7인 식
합이 7보다 큰 식

1+2+5   3+2+4   2+4+1   1+2+2

3+1+3   1+2+1   2+4+2   1+3+2   1+5+3

1+4+2   2+2+2

세 수의 덧셈의 활용

1 규칙에 맞게 빈칸에 알맞은 수를 써넣고 덧셈을 해 보세요.

1)
4 + 1 + 4 = ___
3 + 1 + 4 = ___
___ + 1 + ___ = ___
1 + ___ + 4 = ___

2)
1 + 4 + 3 = ___
2 + 3 + 3 = ___
3 + 2 + 3 = ___
4 + ___ + ___ = ___

3)
1 + 4 + 1 = ___
2 + 3 + 2 = ___
3 + 2 + 3 = ___
___ + ___ + ___ = ___

2 세 수의 합이 ◯ 안의 수가 되도록 수 하나를 ✕표 하여 지우고, 식으로 나타내어 보세요.

1)
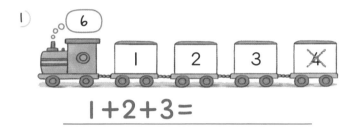

1+2+3= _____

2)

_____

3)
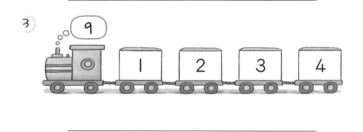

_____

3 가로 또는 세로 방향으로 이어진 세 수의 합이 ⬗ 안의 수가 되는 것을 모두 찾아 ◯로 묶어 보세요.

4 빈칸에 알맞은 수를 써넣어 이야기를 완성하고 이야기에 알맞은 덧셈식을 써 보세요.

나는 책을 2권 읽었어.

나는 책을 ____권 읽었어.

나는 책을 ____권 읽었으니까 우리가 읽은 책은 모두 ____권이야.

___ + ___ + ___ = ___

5 보이지 않는 구슬은 몇 개일까요? 그림에 알맞은 식을 완성하고 답을 구해 보세요.

1)
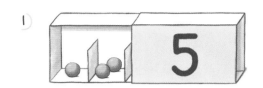

1 + 2 + __2__ = 5, ___개

2)
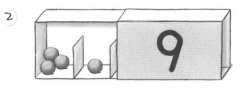

3 + 1 + ___ = 9, ___개

3)
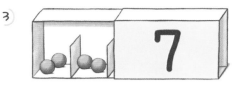

2 + 2 + ___ = 7, ___개

4)
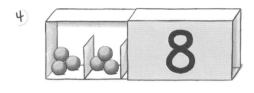

___ + ___ + ___ = 8, ___개

5)
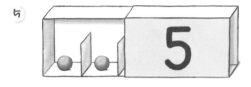

___ + ___ + ___ = 5, ___개

6)
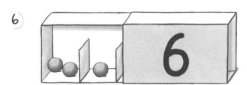

___ + ___ + ___ = 6, ___개

6 한 줄에 놓인 세 수의 합이 ▲ 안의 수가 되도록 빈칸에 알맞은 수를 써넣으세요.

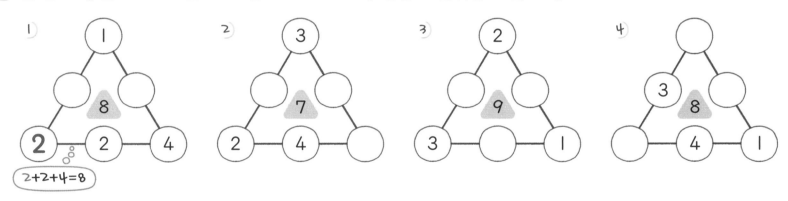

7 주어진 카드를 한 번씩 사용하여 한 줄에 놓인 세 수의 합이 서로 같도록 빈칸에 수를 써넣으세요.

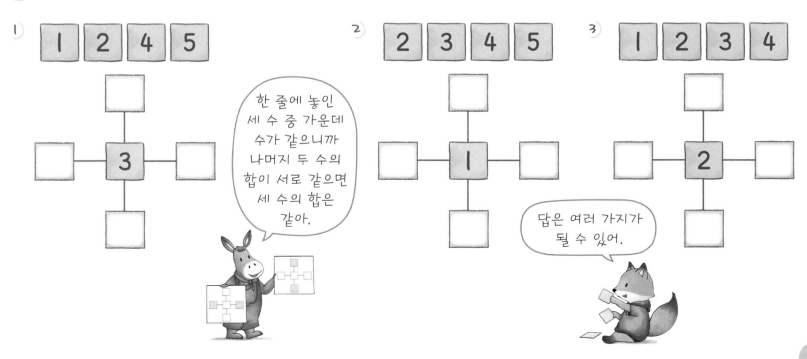

세 수의 뺄셈

귤 **9**개 중에서 어제 **4**개를 먹고 오늘 **2**개를 먹었어.

$9 - 4 = 5$ $9 - 4 - 2 = 3$

$5 - 2 = 3$ 5

3

1 그림을 보고 빈칸에 알맞은 수를 써넣으세요.

1)
$8 - 1 = \boldsymbol{7}$

$\boldsymbol{7} - 4 = \underline{}$

➡ $8 - 1 - 4 = \underline{}$

2)
$7 - 2 = \underline{}$

$\underline{} - 4 = \underline{}$

➡ $7 - 2 - 4 = \underline{}$

3)
$9 - 5 = \underline{}$

$\underline{} - 2 = \underline{}$

➡ $9 - 5 - 2 = \underline{}$

4)
$6 - 2 = \underline{}$

$\underline{} - 4 = \underline{}$

➡ $6 - 2 - 4 = \underline{}$

2 알맞게 /으로 지워서 뺄셈을 해 보세요.

1)

$7 - 3 - 1 = \underline{}$ $9 - 1 - 6 = \underline{}$ $8 - 3 - 1 = \underline{}$

3 그림을 보고 세 수의 뺄셈을 해 보세요.

1)

2)

3)

$7 - 1 - 2 = \underline{}$ $9 - 4 - 3 = \underline{}$ $8 - 2 - 4 = \underline{}$

4 그림에 알맞은 뺄셈식을 찾아 선으로 잇고 뺄셈을 해 보세요.

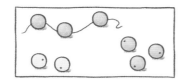 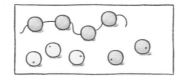 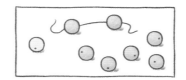 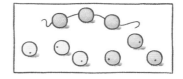

9 - 3 - 2 = ___   9 - 3 - 3 = ___   8 - 2 - 3 = ___   8 - 5 - 1 = ___

5 ○를 그리고 /으로 지워서 뺄셈을 해 보세요.

1    2    3    4

6 - 2 - 2 = ___   7 - 1 - 3 = ___   8 - 2 - 2 = ___   5 - 1 - 1 = ___

6 1 8 - 3 - 3 = ___   2 5 - 2 - 3 = ___   3 9 - 1 - 4 = ___   4 7 - 4 - 2 = ___

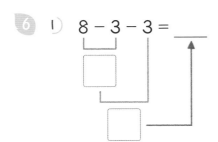   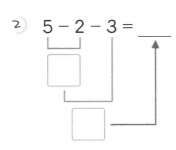   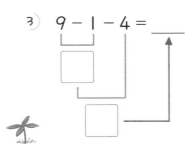   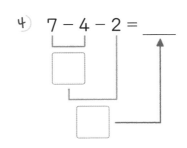

7 빈칸에 알맞은 수를 써넣어 계산해 보세요.

1 6 - 1 - 1 = ___   2 9 - 2 - 4 = ___   3 8 - 2 - 5 = ___

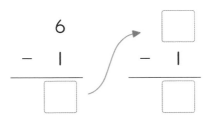   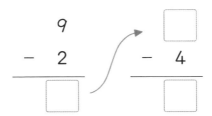   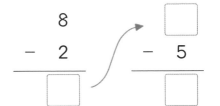

세 수의 뺄셈

1 그림을 보고 빈칸에 알맞은 수를 써넣으세요.

1)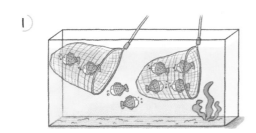

$$8 - \underline{\quad} - \underline{\quad} = \underline{\quad}$$

2)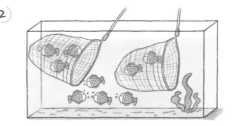

$$9 - \underline{\quad} - \underline{\quad} = \underline{\quad}$$

3)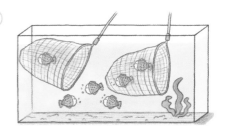

$$6 - \underline{\quad} - \underline{\quad} = \underline{\quad}$$

2 친구들이 말한 수만큼 사탕을 먹으면 몇 개가 남을까요? 알맞은 뺄셈식을 쓰고 답을 구해 보세요.

1)

식 **8-2-2=** $\underline{\quad}$ 답 $\underline{\quad}$ 개

2)

식 $\underline{\qquad\qquad}$ 답 $\underline{\quad}$ 개

3 그림을 보고 알맞은 뺄셈식을 써 보세요.

1)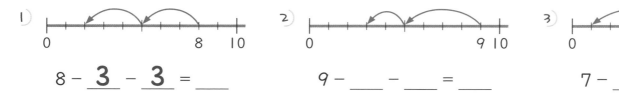

$$8 - \mathbf{3} - \mathbf{3} = \underline{\quad}$$

2)

$$9 - \underline{\quad} - \underline{\quad} = \underline{\quad}$$

3)

$$7 - \underline{\quad} - \underline{\quad} = \underline{\quad}$$

4)

$$\underline{\quad} - \underline{\quad} - \underline{\quad} = \underline{\quad}$$

5)

$$\underline{\quad} - \underline{\quad} - \underline{\quad} = \underline{\quad}$$

6)

$$\underline{\quad} - \underline{\quad} - \underline{\quad} = \underline{\quad}$$

4 식에 맞게 표시하여 뺄셈을 해 보세요.

1)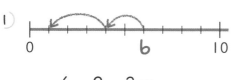

$$6 - 2 - 3 = \underline{\quad}$$

2)

$$8 - 3 - 1 = \underline{\quad}$$

3)

$$4 - 1 - 2 = \underline{\quad}$$

세 수의 뺄셈

⑤ 1)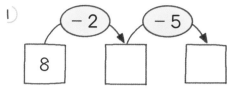

➡ 8 - 2 - 5 = ___

2)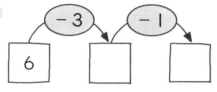

➡ 6 - 3 - 1 = ___

3)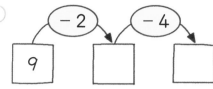

➡ 9 - 2 - 4 = ___

⑥ 1) 7 - 1 - 3 = ___

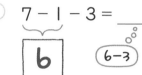 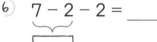 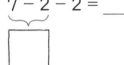

2) 6 - 3 - 2 = ___

3) 8 - 2 - 2 = ___

4) 9 - 5 - 2 = ___

5) 8 - 3 - 4 = ___

6) 7 - 2 - 2 = ___

7) 5 - 3 - 1 = ___

8) 6 - 1 - 1 = ___

⑦ 8 - 2 - 1 = ___   9 - 4 - 3 = ___   7 - 3 - 3 = ___   5 - 1 - 2 = ___

 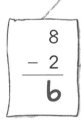

8 - 2 = 6   5 - 3   6 - 1 = 5   9 - 4   4 - 2   7 - 3   5 - 1   4 - 3

⑧ ◻에 가려진 칩이 몇 개인지 뺄셈식으로 나타내어 보세요.

1)

8 - 2 - 3 = ___

2)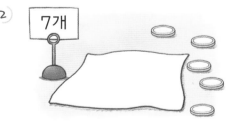

7 - ___ - ___ = ___

3)

9 - ___ - ___ = ___

21

세 수의 뺄셈

1

1)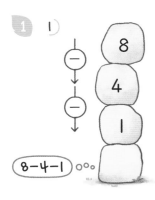

8 4 1

8−4−1

2)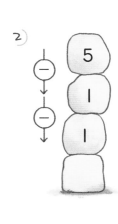

5 1 1

3)

6 3 3

4)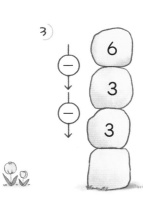

9 3 4

5)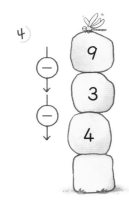

7 1 2

2

1) 8 − 3 − 4 = ____

8 − 3 − 3 = ____

8 − 3 − 1 = ____

8 − 3 − 2 = ____

2) 6 − 1 − 2 = ____

6 − 3 − 2 = ____

6 − 2 − 2 = ____

6 − 4 − 2 = ____

3) 9 − 4 − 2 = ____

9 − 5 − 1 = ____

9 − 3 − 3 = ____

9 − 2 − 4 = ____

4) 7 − 4 − 2 = ____

7 − 2 − 4 = ____

7 − 3 − 2 = ____

7 − 2 − 3 = ____

3 계산 결과를 찾아 같은 색으로 칠해 보세요.

1   2   3   4   5

8 − 2 − 3

7 − 2 − 1

9 − 1 − 3

5 − 1 − 2

6 − 4 − 1

9 − 6 − 1

7 − 2 − 2

8 − 1 − 2

9 − 3 − 5

8 − 2 − 2

4 옳은 식을 모두 찾아 ☑표 하세요.

5 − 2 − 2 = 1 V

4 − 1 − 2 = 1

7 − 3 − 1 = 3

3 − 1 − 1 = 2

6 − 1 − 3 = 2

9 − 2 − 4 = 2

9 − 3 − 2 = 4

8 − 4 − 2 = 3

5 − 3 − 1 = 2

8 − 5 − 2 = 1

6 − 2 − 2 = 2

7 − 5 − 2 = 2

5 주어진 식에 맞는 내용을 찾아 ☑표 하고 계산 결과를 구해 보세요.

$6 - 2 - 1 =$ _____

구슬 **6**개 중에서 **2**개를 잃어버리고 **1**개만 남았어요.
□

구슬 **6**개 중에서 **2**개를 친구에게 주고 **1**개를 더 샀어요.
□

구슬 **6**개 중에서 **2**개를 잃어버리고 **1**개를 친구에게 주었어요.
□

6

7명의 친구가 가위바위보를 했는데 3명이 가위, 3명이 바위를 냈어요. 보를 낸 친구는 몇 명일까요?

나무에 잎이 8장 달려 있었는데 어제 1장이 떨어지고, 오늘 4장이 더 떨어졌어요. 나무에 남은 잎은 몇 장일까요?

다람쥐가 도토리 5개 중에서 2개를 아침에 먹었고, 1개를 점심에 먹었어요. 남은 도토리는 몇 개일까요?

$8 - 1 - 4 =$ _____

$7 - 3 - 3 =$ _____

$5 - 2 - 1 =$ _____

남은 도토리는 _____개예요.

보를 낸 친구는 _____명이에요.

남은 잎은 _____장이에요.

7 1)  사과가 **8**개 있었는데 어제 **2**개, 오늘 **1**개를 먹었어요. 남은 사과는 몇 개일까요?

식 _____ 답 _____개

2) 젤리 **9**봉지를 사서 동생에게 **2**봉지를 주고, 언니에게 **3**봉지를 주었어요. 남은 젤리는 몇 봉지일까요?

식 _____ 답 _____봉지

8 알뜰 시장에서 물건을 사려면 ⬜ 안의 수만큼 붙임딱지가 필요해요. 붙임딱지 8장을 가지고 연필과 지우개를 샀다면 붙임딱지는 몇 장 남았을까요?

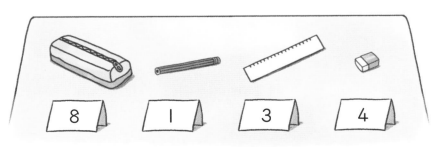

8   1   3   4

식 _____ 답 _____장

세 수의 뺄셈의 활용

1 계산 결과를 찾아 빈칸에 알맞은 글자를 써 보세요.

늘 8 - 1 - 5   게 9 - 2 - 1

나 7 - 1 - 1   신 8 - 2 - 2

도 9 - 4 - 2   오 7 - 3 - 3

1	2	3	4	5	6

2 색칠한 곳을 맞히면 그곳에 적힌 수만큼 점수를 얻고, 색칠하지 않은 곳을 맞히면 그곳에 적힌 수만큼 점수를 잃어요. 다음과 같이 과녁을 맞히면 몇 점이 되는지 구해 보세요.

1
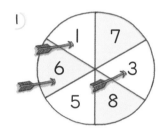

2
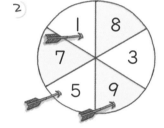

3

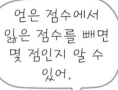
얻은 점수에서 잃은 점수를 빼면 몇 점인지 알 수 있어.

6 - 1 - 3 =

_____점   _____점   _____점

3 1) 바구니에 귤이 9개 있었는데 승아가 3개, 지후가 4개를 가져갔어요. 남은 귤의 수 만큼 바구니에 그림을 그려 보세요.

4 8층에서 7명이 엘리베이터를 탔어요. 2개 층을 내려가서 4명이 내리고, 3개 층을 더 내려가서 2명이 내렸어요. 물음에 답하세요.

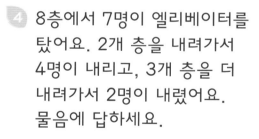

2) 필통에 연필이 6자루 있었는데 민지에게 2자루, 윤호에게 1자루를 빌려주었어요. 필통에 남아 있는 연필을 그려 보세요.

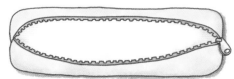

1) 2명이 내린 층의 번호를 그림에서 찾아 ○표 하세요.

2) 엘리베이터에 남은 사람은 몇 명일까요?

식 _____ 답 ____명

세 수의 뺄셈의 활용

5 계산 결과가 더 작은 식에 ☑표 하세요.

1)
☐ 9 - 2 - 3
☐ 7 - 1 - 3

2)
☐ 7 - 2 - 1
☐ 9 - 3 - 1

3)
☐ 7 - 1 - 4
☐ 8 - 3 - 2

4)
☐ 5 - 1 - 2
☐ 3 - 1 - 1

6 ◯ 안에 >, =, <를 알맞게 써넣으세요.

1) 5 - 2 - 1 ◯ 1

7 - 3 - 2 ◯ 3

8 - 4 - 1 ◯ 4

2) 6 - 2 - 2 ◯ 2

4 - 1 - 1 ◯ 3

9 - 2 - 3 ◯ 4

3) 9 - 2 - 4 ◯ 7 - 2 - 1

8 - 3 - 3 ◯ 9 - 1 - 6

7 - 3 - 1 ◯ 5 - 2 - 2

7 계산 결과가 가장 큰 것은 하늘색, 가장 작은 것은 분홍색으로 칠해 보세요.

7 - 1 - 2   9 - 3 - 3   5 - 3 - 1   8 - 1 - 4

7 - 2 - 3   4 - 1 - 1   6 - 1 - 2   9 - 2 - 2

8 계산 결과가 작은 것부터 차례대로 이어 그림을 완성하세요.

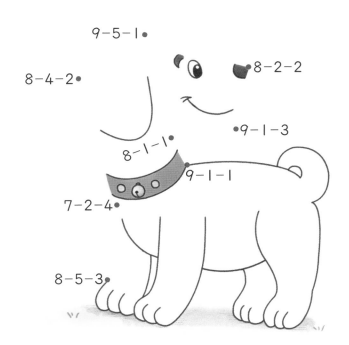

9-5-1
8-4-2
8-2-2
9-1-3
8-1-1
9-1-1
7-2-4
8-5-3

9 계산을 하여 알맞게 이어 보세요.

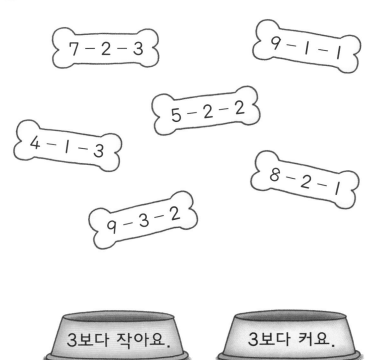

7 - 2 - 3   9 - 1 - 1

5 - 2 - 2

4 - 1 - 3   8 - 2 - 1

9 - 3 - 2

3보다 작아요.   3보다 커요.

세 수의 뺄셈의 활용

1 계산 결과가 짝수인 것을 모두 색칠해 보세요.

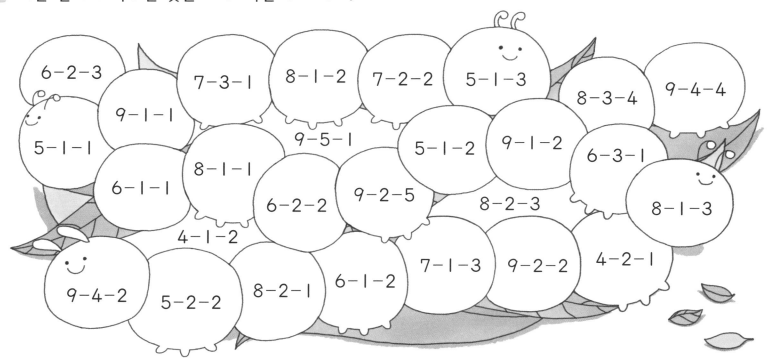

6-2-3 7-3-1 8-1-2 7-2-2 5-1-3 8-3-4 9-4-4

9-1-1 9-5-1 5-1-2 9-1-2 6-3-1

5-1-1 8-1-1 5-1-2

6-1-1 6-2-2 9-2-5 8-2-3 8-1-3

4-1-2 7-1-3 9-2-2 4-2-1

9-4-2 5-2-2 8-2-1 6-1-2

2 규칙에 맞게 빈칸에 알맞은 수를 써넣고 뺄셈을 해 보세요.

1)
```
9 - 2 - 5 = ___
9 - 2 - 4 = ___
9 - 2 - 3 = ___
  ___ - ___ - ___ = ___
```

2)
```
7 - 1 - 4 = ___
7 - 2 - 3 = ___
7 - 3 - 2 = ___
  ___ - ___ - ___ = ___
```

3)
```
5 - 1 - 1 = ___
6 - 2 - 2 = ___
7 - 3 - 3 = ___
  ___ - ___ - ___ = ___
```

3 옳은 식이 되도록 벽돌 하나를 ✕표 하여 지우고, 식으로 나타내어 보세요.

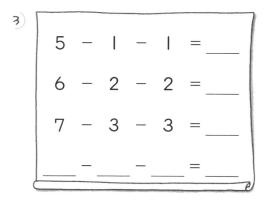

1) | 9 | ✕4 | -3 | -1 | =5 |

9-3-1=_____

2)
| 8 | -3 | -5 | -2 | =3 |

_____

3)
| 7 | -1 | -4 | -5 | =1 |

_____

4)
| 9 | -3 | -4 | -2 | =3 |

_____

4 모자를 쓴 친구가 먹은 초콜릿은 몇 개일까요?

1) 나는 3개를 먹었어. 나는…….

$$9 - 3 - \underline{\quad} = 2, \quad \underline{\quad} 개$$

2) 나는 2개를 먹었어. 나는…….

$$8 - 2 - \underline{\quad} = \underline{\quad}, \quad \underline{\quad} 개$$

5 빈칸에 알맞은 수를 써넣으세요.

1) $4 - 1 - \underline{\quad} = 1$ 2) $5 - 2 - \underline{\quad} = 2$ 3) $7 - 1 - \underline{\quad} = 3$ 4) $8 - 3 - \underline{\quad} = 4$

5) $6 - 2 - \underline{\quad} = 1$ 6) $3 - 1 - \underline{\quad} = 0$ 7) $9 - 2 - \underline{\quad} = 2$ 8) $7 - 2 - \underline{\quad} = 3$

6 빈칸에 수를 써넣어 이야기를 완성하고, 이야기에 알맞은 뺄셈식을 써 보세요.

우리가 접은 8개의 종이비행기 중에서 내가 ____개를 날렸어.

나는 ____개를 날렸어.

그럼 종이비행기는 ____개가 남았겠네.

$$\underline{\quad} - \underline{\quad} - \underline{\quad} = \underline{\quad}$$

7 서로 다른 색 벽돌을 1개씩 골라 세 수의 계산 결과가 ☐ 안의 수가 되도록 모두 선으로 이어 보세요.

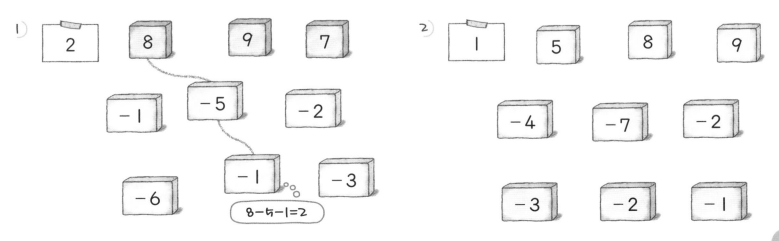

1)

| 2 | 8 | 9 | 7 |

-1 -5 -2

-6 -1 -3

$8 - 5 - 1 = 2$

2)

| 1 | 5 | 8 | 9 |

-4 -7 -2

-3 -2 -1

0이 있는 덧셈과 뺄셈

1 그림을 보고 □ 안에 알맞은 수를 써 보세요.

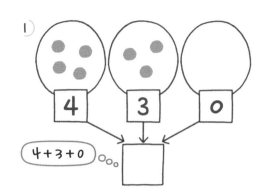

1) 4 3 0

4+3+0 ○○○ □

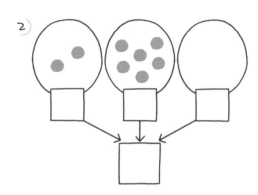

2) □ □ □ → □

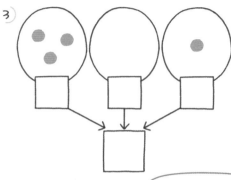

3) □ □ □ → □

아무것도 없는 칸은 **0**으로 나타낼 수 있어.

2 보이지 않는 구슬은 몇 개일까요? 그림에 알맞은 식을 만들고 계산해 보세요.

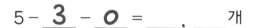

1) 5 - **3** - **0** = ___ , ___ 개

2) 9 - ___ - ___ = ___ , ___ 개

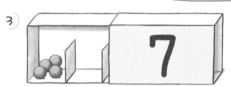

3) 7 - ___ - ___ = ___ , ___ 개

3 합을 찾아 선으로 이어 보세요.

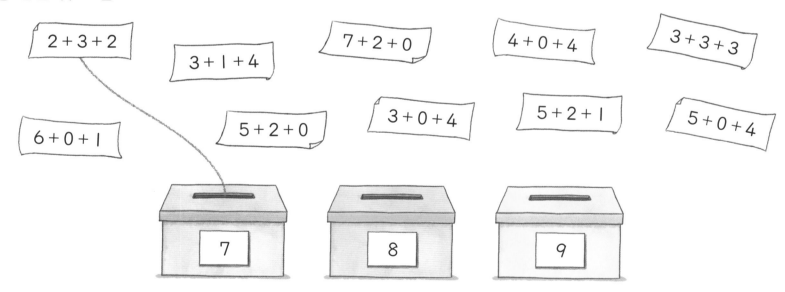

2+3+2   3+1+4   7+2+0   4+0+4   3+3+3

6+0+1   5+2+0   3+0+4   5+2+1   5+0+4

7   8   9

4 뺄셈을 하여 계산 결과가 적힌 구슬과 같은 색으로 칠해 보세요.

2

3   5

8-0-3   5-0-3   6-3-0   7-2-0   4-0-1

6-0-4   7-0-4   9-4-0   4-0-2   8-5-0

0이 있는 덧셈과 뺄셈

5 1)

7 + 1 + 0 = ___

6 + 1 + 0 = ___

5 + 1 + 0 = ___

4 + 1 + 0 = ___

2)

1 + 0 + 8 = ___

3 + 0 + 6 = ___

5 + 0 + 4 = ___

7 + 0 + 2 = ___

3)

3 - 2 - 0 = ___

5 - 3 - 0 = ___

7 - 4 - 0 = ___

9 - 5 - 0 = ___

4)

6 - 0 - 4 = ___

7 - 0 - 5 = ___

8 - 0 - 6 = ___

9 - 0 - 7 = ___

6 친구들이 말한 수만큼 딸기를 먹으면 몇 개가 남을까요? 알맞은 뺄셈식을 쓰고 답을 구해 보세요.

1)

5개! 0개!

식 _____

답 ___개

2)

난 안 먹을래! 3개!

식 _____

답 ___개

3)

2개! 난 안 먹을래!

식 _____

답 ___개

7 계산 결과가 가장 큰 식에 ○표, 가장 작은 식에 △표 하세요.

2 + 2 + 0   4 + 0 + 3   5 + 1 + 0   8 - 4 - 2

9 - 2 - 2   6 + 0 + 1   5 - 1 - 3   7 - 1 - 0   1 + 2 + 0   9 - 0 - 1

8 계산 결과가 큰 것부터 차례대로 이어 보세요.

1)

5 + 1 + 2   4 + 0 + 3

1 + 4 + 1

3 + 3 + 3   3 + 0 + 2

2)

5 - 1 - 0   9 - 4 - 0

8 - 2 - 3

6 - 3 - 1   7 - 0 - 6

여러 가지 덧셈과 뺄셈

1 그림에 알맞은 식을 찾아 ☑표 하고 계산해 보세요.

1)

☐ 3 − 2 − 1 = ___

☐ 3 + 2 + 1 = ___

☐ 6 − 2 − 1 = ___

2)

☐ 4 − 2 − 2 = ___

☐ 4 + 2 + 2 = ___

☐ 4 + 2 − 2 = ___

3)

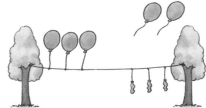

☐ 8 − 3 − 2 = ___

☐ 6 − 3 − 2 = ___

☐ 3 + 3 + 3 = ___

2

| 4 + 2 + 3 = ___ | 8 − 4 − 2 = ___ | 7 − 1 − 3 = ___ | 5 + 1 + 2 = ___ |

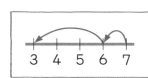
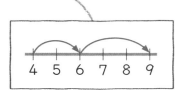
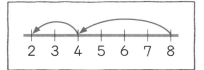
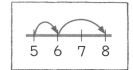

3 그림을 보고 알맞은 식을 써 보세요.

1)

2+3+4=

2)

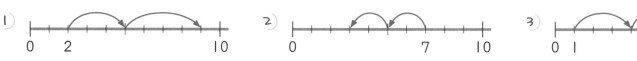

_____

3)

_____

4 알맞은 식을 찾아 ☑표 하고 답을 구해 보세요.

1) 나무에 열려 있던 사과 8개 중에서 4개를 땄고 3개는 바닥에 떨어졌어요. 나무에 남은 사과는 몇 개일까요?

☐ 1 + 4 + 3

☐ 8 − 4 − 2

☐ 8 − 4 − 3

___개

2) 참새 6마리가 앉아 있었는데 뱁새 1마리와 참새 2마리가 날아왔어요. 새는 모두 몇 마리일까요?

☐ 6 − 1 − 2

☐ 6 + 1 + 2

☐ 1 + 2 + 3

___마리

여러 가지 덧셈과 뺄셈

5 계산 결과가 같은 것끼리 이어 보세요.

| 6 - 1 - 2 | 9 - 1 - 1 | 8 - 0 - 3 | 7 - 2 - 1 | 9 - 1 - 2 |

| 3 + 2 + 0 | 1 + 2 + 1 | 2 + 3 + 1 | 1 + 0 + 2 | 3 + 2 + 2 |

6 계산 결과가 5보다 작은 것은 분홍색, 5보다 큰 것은 초록색으로 칠해 보세요.

1 + 0 + 3   7 - 0 - 2   3 + 1 + 4   8 - 2 - 3   2 + 3 + 4   2 + 0 + 2   1 + 2 + 3

색칠하지 않는 것도 있어.

7 숫자 카드 3장을 사용하여 세 수의 덧셈식과 뺄셈식을 각각 만들어 계산해 보세요.

 1)   6   2   1   2)    4   1   2   3)    5   1   3

6+2+1= _____   _____   _____

6-2-1= _____   _____   _____

8 만들 수 있는 식을 모두 쓰고 계산해 보세요.

1) 5 4 + 2 3 + 1   2) 6 8 − 2 −  2 3

5+2+1= _____   6-2-2= _____

_____   _____

이어 세기로 두 수 더하기

1 1)

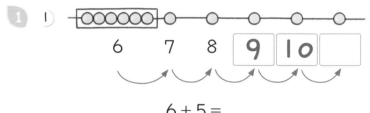

6 7 8 **9** **10** ☐

6 + 5 = _____

2)

8 9 ☐ ☐ ☐ ☐

8 + 5 = _____

3)

7 ☐ ☐ ☐ ☐ ☐ ☐

7 + 6 = _____

4)

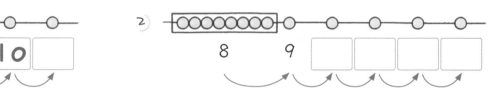

9 ☐ ☐ ☐

9 + 3 = _____

2 1)

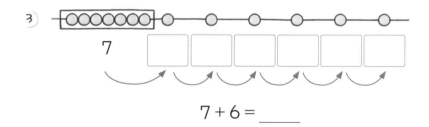

8 + 3 = _____

2)

6 + 6 = _____

3)

7 + 5 = _____

4)

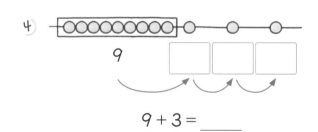

9 + 4 = _____

5)

8 + 6 = _____

6)

9 + 6 = _____

3 더하는 수만큼 색칠하여 덧셈을 해 보세요.

1)

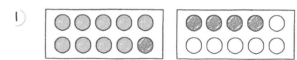

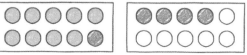

9 + 5 = _____

2)

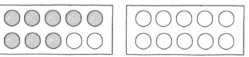

8 + 8 = _____

이어 세기로 두 수 더하기

4 더하는 수만큼 ◯를 그려서 덧셈을 해 보세요.

1)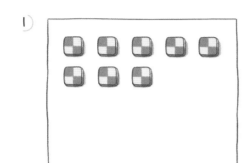

$8 + 7 =$ _____

2)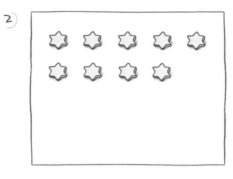

$9 + 8 =$ _____

3)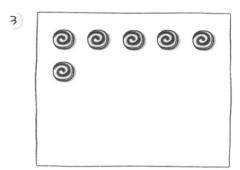

$6 + 5 =$ _____

5 식에 맞게 표시하여 덧셈을 해 보세요.

1)

$7 + 7 =$ _____

2)

$8 + 5 =$ _____

3)

$9 + 6 =$ _____

4)

$7 + 4 =$ _____

6 이 있는 칸에서 ☐ 안의 수만큼 이동하여 도착하는 칸에 색칠하고, 덧셈식을 써 보세요.

1) 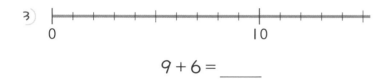 5

$6 +$ **5** $=$ _____

2) | 7 | 8 | 9 | 10 | 11 | 12 | 13 | 14 | 6

$7 +$ _____ $=$ _____

3) | 9 | 10 | 11 | 12 | 13 | 14 | 15 | 16 | 17 | 7

$9 +$ _____ $=$ _____

4) | 8 | 9 | 10 | 11 | 12 | 13 | 14 | 4

$8 +$ _____ $=$ _____

7 1)

7   **5**

$7 +$ **5** $=$ _____

2)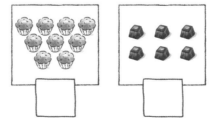

$9 +$ _____ $=$ _____

3)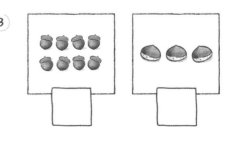

_____ $+$ _____ $=$ _____

33

이어 세기로 두 수 더하기

1 이어서 색칠하여 덧셈을 해 보세요.

①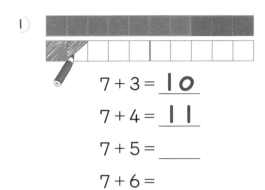

$7+3=\underline{10}$

$7+4=\underline{11}$

$7+5=\underline{}$

$7+6=\underline{}$

②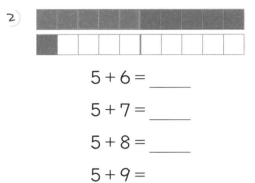

$5+6=\underline{}$

$5+7=\underline{}$

$5+8=\underline{}$

$5+9=\underline{}$

③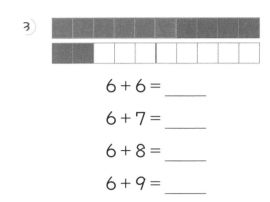

$6+6=\underline{}$

$6+7=\underline{}$

$6+8=\underline{}$

$6+9=\underline{}$

2 규칙을 찾아 빈칸에 알맞은 수를 써넣고 덧셈을 해 보세요.

①
$4+5=\underline{}$
$4+6=\underline{}$
$4+7=\underline{}$
$\underline{}+8=\underline{}$

②
$2+6=\underline{}$
$3+6=\underline{}$
$\underline{}+6=\underline{}$
$\underline{}+\underline{}=\underline{}$

③
$3+6=\underline{}$
$3+7=\underline{}$
$3+\underline{}=\underline{}$
$\underline{}+\underline{}=\underline{}$

④
$5+2=\underline{}$
$6+2=\underline{}$
$7+\underline{}=\underline{}$
$\underline{}+\underline{}=\underline{}$

3 소미와 현우는 종이배를 접고 있어요. 소미가 6개, 현우가 8개를 접었을 때 다음과 같이 말했다면 두 친구는 각각 몇 개의 종이배를 접게 될까요?

나는 **7**개를 더 접을 거야! 소미

나는 **4**개 더 접을 거야! 현우

소미 _____ 개

현우 _____ 개

4 ① 지수는 호두 머핀 7개와 초코 머핀 4개를 구웠어요. 지수가 구운 머핀의 수를 덧셈 식으로 나타내어 보세요.

$\underline{}+\underline{}=\underline{}$

② 운동장에 8명의 친구가 있었는데 5명이 더 왔어요. 운동장에 있는 친구의 수를 덧셈식 으로 나타내어 보세요.

$\underline{}+\underline{}=\underline{}$

5 합이 14가 되도록 색칠하고 덧셈식으로 나타내어 보세요.

1) 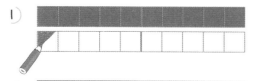 $10 + \boxed{}$

2) 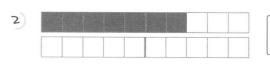 $7 + \boxed{}$

3)  $9 + \boxed{}$

4) 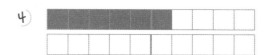 $6 + \boxed{}$

6 알맞게 색칠하여 덧셈식을 완성해 보세요.

1)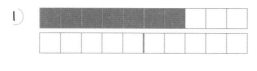

2)

3)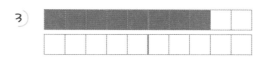

$7 + \underline{\quad} = 15$ $\qquad$ $9 + \underline{\quad} = 13$ $\qquad$ $8 + \underline{\quad} = 17$

7

1)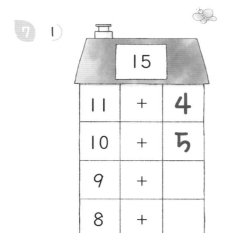

15		
11	+	**4**
10	+	**5**
9	+	
8	+	

2)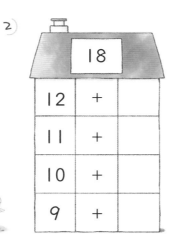

18		
12	+	
11	+	
10	+	
9	+	

3)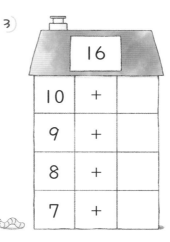

16		
10	+	
9	+	
8	+	
7	+	

4)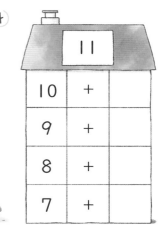

11		
10	+	
9	+	
8	+	
7	+	

8

1) 아빠 개구리가 7번째 연잎에서 6번 더 뛰었다면 몇 번째 연잎까지 갔을까요?

_____번째

2) 엄마 개구리가 8번째 연잎에서 4번 더 뛰었다면 몇 번째 연잎까지 갔을까요?

_____번째

3) 아들 개구리가 5번째 연잎에서 6번 더 뛰었다면 몇 번째 연잎까지 갔을까요?

_____번째

두 수 바꾸어 더하기

1

4 + 7 = ＿＿＿

7 + 4 = ＿＿＿

2 1)

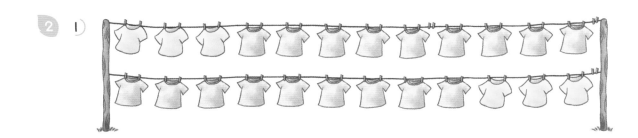

3 + 9 = ＿＿＿

9 + 3 = ＿＿＿

2)

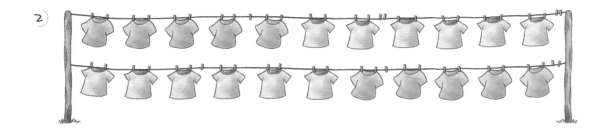

5 + 6 = ＿＿＿

6 + 5 = ＿＿＿

3 파란색 구슬과 빨간색 구슬의 수를 덧셈식으로 나타내어 보세요.

1)

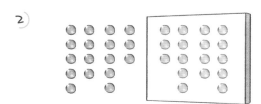

7 + 5 = ＿＿＿ ,　**5 + 7 =** ＿＿＿

2)

9 + 8 = ＿＿＿ , ＿＿＿＿＿＿＿

4

식에 맞게
색칠하고
덧셈을 해 봐.

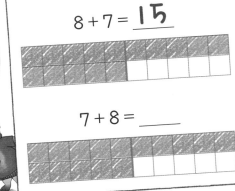

8 + 7 = **15**

7 + 8 = ＿＿＿

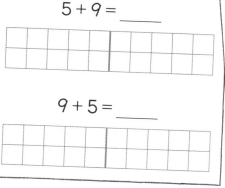

5 + 9 = ＿＿＿

9 + 5 = ＿＿＿

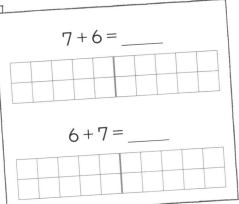

7 + 6 = ＿＿＿

6 + 7 = ＿＿＿

두 수 바꾸어 더하기

$6 + 8 =$ _____

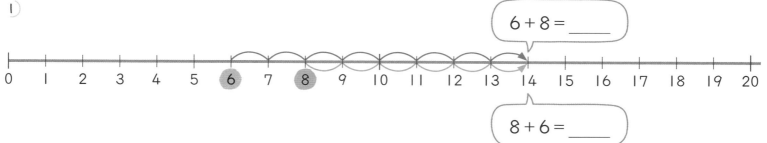

| 0 | 1 | 2 | 3 | 4 | 5 | 6 | 7 | 8 | 9 | 10 | 11 | 12 | 13 | 14 | 15 | 16 | 17 | 18 | 19 | 20 |

$8 + 6 =$ _____

2)

$7 + 9 =$ _____

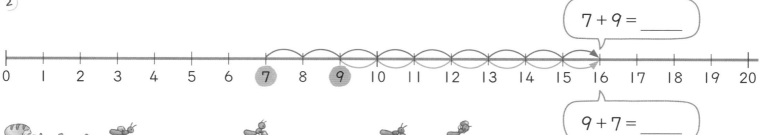

| 0 | 1 | 2 | 3 | 4 | 5 | 6 | 7 | 8 | 9 | 10 | 11 | 12 | 13 | 14 | 15 | 16 | 17 | 18 | 19 | 20 |

$9 + 7 =$ _____

⑥ 빈칸에 알맞은 수를 써넣고 덧셈을 해 보세요.

ㅣ)
$5 + 7 =$ _____
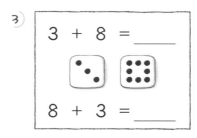
$7 + 5 =$ _____

2)
$4 + 9 =$ _____
$9 + 4 =$ _____

3)
$3 + 8 =$ _____
$8 + 3 =$ _____

4)
$6 + 7 =$ _____
$7 + 6 =$ _____

5)
$3 +$ _____ $=$ _____
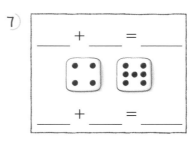
$9 +$ _____ $=$ _____

6)
$5 +$ _____ $=$ _____
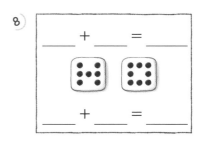
$8 +$ _____ $=$ _____

7)
_____ $+$ _____ $=$ _____
_____ $+$ _____ $=$ _____

8)
_____ $+$ _____ $=$ _____
_____ $+$ _____ $=$ _____

⑦ 합이 같은 것끼리 이어 보세요.

$5 + 6$ $6 + 7$ $5 + 9$ $2 + 8$ $3 + 9$

$9 + 5$ $6 + 5$ $7 + 6$ $9 + 3$ $8 + 2$

두 수 바꾸어 더하기

1. 두 수의 합을 구하는 덧셈식 2개를 만들고 덧셈을 해 보세요.

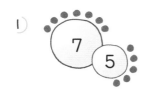

1)
$7 + 5 =$ ___
$5 + 7 =$ ___

2)
___ + ___ = ___
___ + ___ = ___

3)
___ + ___ = ___
___ + ___ = ___

4)
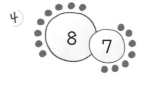
___ + ___ = ___
___ + ___ = ___

2. 양쪽 나무에 적힌 수의 합을 ☐ 안에 써넣으세요.

3. 수 카드 3장을 한 번씩 사용하여 만들 수 있는 덧셈식을 2개씩 써 보세요.

1) 3 6 9
$3 + 6 = 9$
_____

2) 8 5 13
_____
_____

3) 9 16 7
_____
_____

4) 12 4 8
_____
_____

4. 친구들의 이야기를 읽고 맞는 내용을 모두 찾아 ☑표 하세요.

나는 빨간색 구슬 7개와 하늘색 구슬 6개를 가지고 있어요.

수호

나는 빨간색 구슬 6개와 노란색 구슬 7개를 가지고 있어요.

채아

나는 노란색 구슬 6개와 하늘색 구슬 5개를 가지고 있어요.

윤서

☐ 수호와 채아가 가지고 있는 구슬의 수는 같아요.

☐ 수호와 윤서가 가지고 있는 구슬의 수는 같아요.

☐ 수호가 구슬을 가장 많이 가지고 있어요.

☐ 윤서가 구슬을 가장 적게 가지고 있어요.

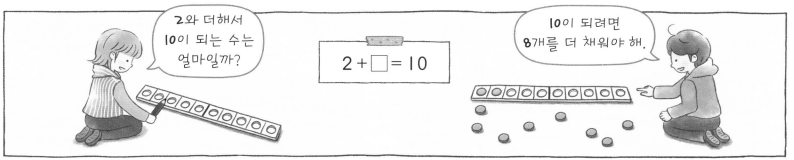

1 합이 10이 되도록 색칠하고 덧셈식으로 나타내어 보세요.

1)

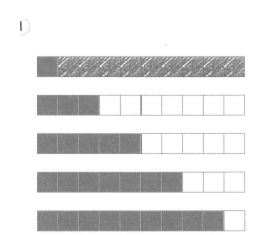

10
1 + 9
3 +
5 +
7 +
9 +

2)

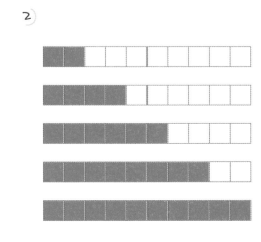

10
2 +
4 +
6 +
8 +
10 +

2

1)

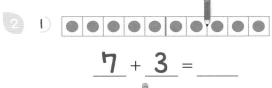

__7__ + __3__ = ___

2)

___ + ___ = ___

3)

___ + ___ = ___

4)

___ + ___ = ___

5)

___ + ___ = ___

6)

___ + ___ = ___

3

1)

__1__ + __9__ = ___

2)

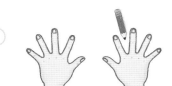

__4__ + ___ = ___

3)

___ + ___ = ___

4)

___ + ___ = ___

5)

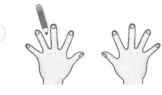

___ + ___ = ___

6)

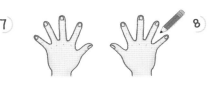

___ + ___ = ___

7)

___ + ___ = ___

8)

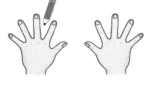

___ + ___ = ___

10이 되는 더하기

1)
1)

$6 + 4 = \underline{}$

2)

$\underline{} + \underline{} = \underline{}$

3)

$\underline{} + \underline{} = \underline{}$

4)

$\underline{} + \underline{} = \underline{}$

5)

$\underline{} + \underline{} = \underline{}$

6)

$\underline{} + \underline{} = \underline{}$

7)

$\underline{} + \underline{} = \underline{}$

8)

$\underline{} + \underline{} = \underline{}$

9)

$\underline{} + \underline{} = \underline{}$

2) ●의 수를 더해서 10이 되는 것을 모두 찾아 ○표 하고 덧셈식을 써 보세요.

$5 + 5 = 10$

$\underline{}$

$\underline{}$

$\underline{}$

3)
1)

$\underline{} + \underline{} = 10$

2)

$\underline{} + \underline{} = 10$

3)

$\underline{} + \underline{} = 10$

4)

$\underline{} + \underline{} = \underline{}$

5)

$\underline{} + \underline{} = \underline{}$

6)

$\underline{} + \underline{} = \underline{}$

4 더해서 10이 되도록 ●을 그려 넣고 덧셈식으로 나타내어 보세요.

1)

10 = ___ + ___

2)

10 = ___ + ___

3)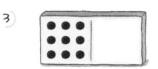

10 = ___ + ___

4)

10 = ___ + ___

5)

10 = ___ + ___

6)

10 = ___ + ___

7)

10 = ___ + ___

8)

10 = ___ + ___

5

1)

4 + ___ = 10

2)

2 + ___ = 10

3)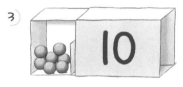

7 + ___ = 10

4)

9 + ___ = 10

5)

5 + ___ = 10

6)

1 + ___ = 10

7)

8 + ___ = 10

8)

10 + ___ = 10

6 여러 가지 방법으로 구슬 10개를 그려 넣고 덧셈식으로 나타내어 보세요.

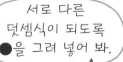

서로 다른 덧셈식이 되도록 ●을 그려 넣어 봐.

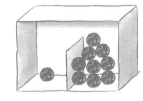

1 + 9 = 10

___ + ___ = 10

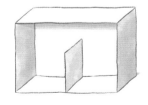

___ + ___ = 10

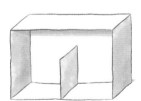

___ + ___ = 10

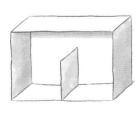

___ + ___ = 10

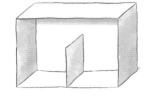

___ + ___ = 10

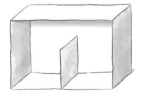

___ + ___ = 10

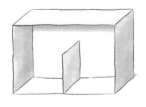

___ + ___ = 10

10이 되는 더하기

① 1) 3 [ ] → 10 2) 5 [ ] → 10 3) 2 [ ] → 10 4) 6 [ ] → 10 5) 1 [ ] → 10

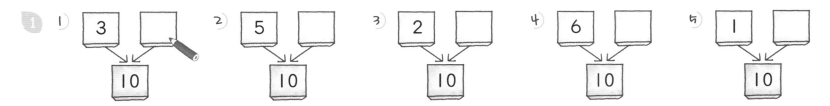

② 합이 10이 되는 두 개의 풍선을 찾아 친구와 이어 보세요.

1) 9 4 1 6   2) 7 0 3 10   3) 4 8 2 6

③ 더해서 10이 되도록 배와 닻을 선으로 이어 보세요.

④

합이 10이 되는 칸을 모두 색칠하면 소율이가 모은 구슬의 수를 알 수 있어. 소율이가 모은 구슬은 몇 개일까?

2+1	6+4	10+0	3+7	3+4
4+5	1+9	8+1	6+2	7+1
5+3	2+8	7+3	4+6	2+5
6+3	9+0	3+1	9+1	4+4
1+4	0+10	5+5	8+2	6+3

4+5	3+7	9+1	4+6	9+0
3+4	0+10	5+3	2+8	7+2
6+2	5+5	1+9	7+3	3+3
2+5	6+4	8+1	9+1	3+4
5+1	8+2	5+5	10+0	8+1

_____ 개

5 두 수의 합이 10이 되는 것끼리 선으로 이어 보세요.

1)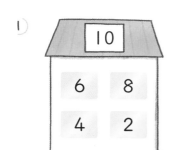

2)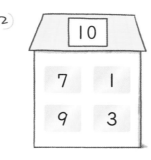

3)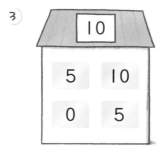

4)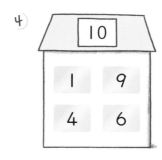

6

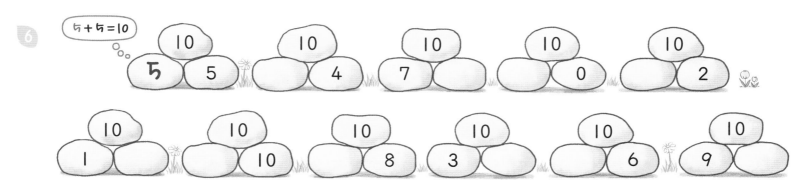

7 가로 또는 세로로 이어진 두 수의 합이 10이 되는 것을 모두 찾아 ◯로 묶어 보세요.

1)

8	3	5
5	7	4
5	2	8

2)

9	1	3
3	8	7
4	6	5

3)

3	5	5
8	2	7
5	6	4

4)

9	1	5
2	10	3
6	0	7

8

$1 + \_\_\_ = 10$

$5 + \_\_\_ = 10$ $\_\_\_ + 0 = 10$ $\_\_\_ + 6 = 10$

$2 + \_\_\_ = 10$ $\_\_\_ + 3 = 10$ $8 + \_\_\_ = 10$ $9 + \_\_\_ = 10$ $\_\_\_ + 10 = 10$

$\_\_\_ + 4 = 10$ $\_\_\_ + 7 = 10$

10이 되는 더하기

1 1) 은지는 초콜릿을 아침에 6개 먹었고 저녁에 4개를 먹었어요. 은지가 하루 동안 먹은 초콜릿은 모두 몇 개일까요?

식 _____ 답 ____개

2) 민호는 노란색 종이비행기 2개와 하늘색 종이비행기 8개를 만들었어요. 민호가 만든 종이비행기는 모두 몇 개일까요?

식 _____ 답 ____개

2 1)

9 + 1 = 10

9 5
1
10
3 8
4

2)

2 7
10
0
9
6

3)

3 1
10
8
5 10

3 그림을 보고 여러 가지 방법으로 합이 10인 덧셈식을 만들어 보세요.

1)

_____ 갈색과 흰색

_____ 말이 바라보는 방향

_____ 앉아 있는 말과 서 있는 말

2)

_____

_____

기준을 정해서 동물들을 두 모둠으로 나누어 봐.

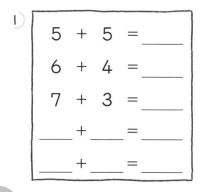

4 규칙에 맞게 빈칸에 알맞은 수를 써넣고 덧셈을 해 보세요.

1)
5 + 5 = ____
6 + 4 = ____
7 + 3 = ____
____ + ____ = ____
____ + ____ = ____

2)
2 + 8 = ____
4 + 6 = ____
6 + 4 = ____
____ + ____ = ____
____ + ____ = ____

3)
10 + 0 = ____
9 + 1 = ____
8 + 2 = ____
____ + ____ = ____
____ + ____ = ____

4)
9 + 1 = ____
7 + 3 = ____
5 + 5 = ____
____ + ____ = ____
____ + ____ = ____

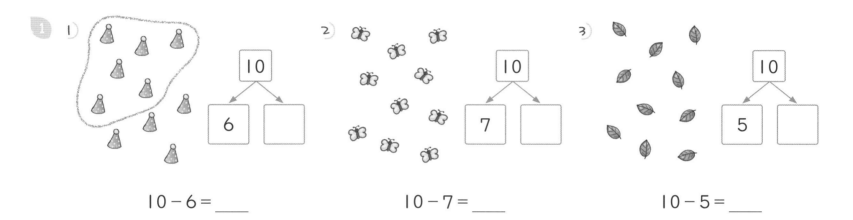

1)
10 - 6 = ____

2)
10 - 7 = ____

3)
10 - 5 = ____

2 그림을 보고 빈칸에 알맞은 수를 써넣으세요.

1)
10 - 2 = ____

2)
10 - 5 = ____

3)
10 - 9 = ____

4)
10 - 4 = ____

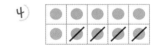

5)
10 - ____ = ____

6)
10 - ____ = ____

7)
10 - ____ = ____

8)
10 - ____ = ____

3 남아 있는 구슬은 몇 개인지 뺄셈식으로 나타내어 보세요.

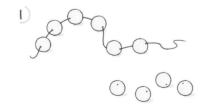
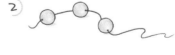
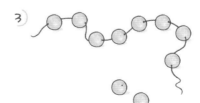
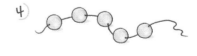

1)
10 - **4** = ____

2)
10 - ____ = ____

3)
10 - ____ = ____

4)
10 - ____ = ____

10에서 빼기

1 식에 맞는 그림을 찾아 ☑표 하고 뺄셈을 해 보세요.

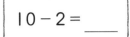
10 - 2 = ____

☐

☐

☐

2 1)

10 - **6** = ____

2)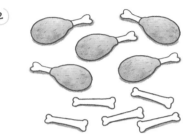

10 - ___ = ___

3)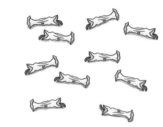

10 - ___ = ___

3 1)

10 - **3** = ____

2)

10 - ___ = ___

3)

10 - ___ = ___

4 접은 손가락은 몇 개일까요? 뺄셈식으로 나타내어 보세요.

1)

10 - 2 = ____

2)

____ - ____ = ____

3)

____ - ____ = ____

4)

____ - ____ = ____

5)

____ - ____ = ____

6)

____ - ____ = ____

7)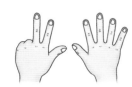

____ - ____ = ____

8)

____ - ____ = ____

5 /으로 지워서 뺄셈을 해 보세요.

1)

$10 - 1 = \underline{\quad}$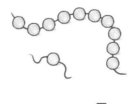

2)

$10 - 2 = \underline{\quad}$

3)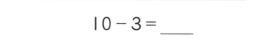

$10 - 3 = \underline{\quad}$

4)

$10 - 4 = \underline{\quad}$

5)

$10 - 5 = \underline{\quad}$

6)

$10 - 6 = \underline{\quad}$

7)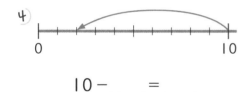

$10 - 7 = \underline{\quad}$

8)

$10 - 8 = \underline{\quad}$

9)

$10 - 9 = \underline{\quad}$

6

1)

$10 - \mathbf{6} = \underline{\quad}$

2)

$10 - \underline{\quad} = \underline{\quad}$

3)

$10 - \underline{\quad} = \underline{\quad}$

4)

$10 - \underline{\quad} = \underline{\quad}$

5)

$10 - \underline{\quad} = \underline{\quad}$

6)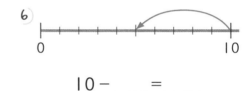

$10 - \underline{\quad} = \underline{\quad}$

7 ⬤은 ⬤보다 몇 개 더 많을까요?

1)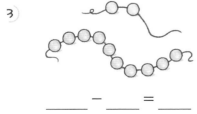

$\underline{\quad} - \underline{\quad} = \underline{\quad}$

$\underline{\quad}$개

2)

$\underline{\quad} - \underline{\quad} = \underline{\quad}$

$\underline{\quad}$개

3)

$\underline{\quad} - \underline{\quad} = \underline{\quad}$

$\underline{\quad}$개

4)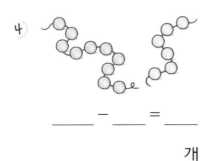

$\underline{\quad} - \underline{\quad} = \underline{\quad}$

$\underline{\quad}$개

8
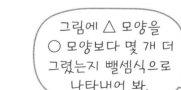

그림에 △ 모양을 ○ 모양보다 몇 개 더 그렸는지 뺄셈식으로 나타내어 봐.

$\underline{\quad} - \underline{\quad} = \underline{\quad}$

10에서 빼기

1 10이 되도록 ●을 그려 넣고 뺄셈식으로 나타내어 보세요.

1)

$10 - 7 = \underline{}$

2)

$10 - 2 = \underline{}$

3)

$10 - 6 = \underline{}$

4)

$10 - 5 = \underline{}$

5)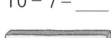

$10 - \underline{} = \underline{}$

6)

$10 - \underline{} = \underline{}$

7)

$10 - \underline{} = \underline{}$

8)

$10 - \underline{} = \underline{}$

2 보이지 않는 구슬은 몇 개일까요? 뺄셈식을 쓰고 답을 구해 보세요.

1)

$\underline{10} - \underline{5} = \underline{}$

___개

2)

$\underline{} - \underline{} = \underline{}$

___개

3)

$\underline{} - \underline{} = \underline{}$

___개

4)

$\underline{} - \underline{} = \underline{}$

___개

3 꽃 10송이를 양손에 나누어서 쥐고 있어요. 반대쪽 손에 쥔 꽃은 몇 송이인지 구해 보세요.

1)

$\underline{10} - \underline{3} = \underline{}$

___송이

2)

$\underline{} - \underline{} = \underline{}$

___송이

3)

$\underline{} - \underline{} = \underline{}$

___송이

4)

$\underline{} - \underline{} = \underline{}$

___송이

4

1)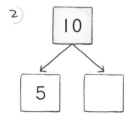

$10 - \underline{7} = \underline{}$

2)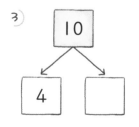

$10 - \underline{} = \underline{}$

3)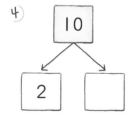

$10 - \underline{} = \underline{}$

4)
$10 - \underline{} = \underline{}$

5)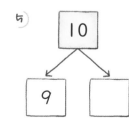

$10 - \underline{} = \underline{}$

5 뺄셈을 하여 알맞은 글자를 써 보세요.

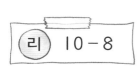 리 10 − 8

 행 10 − 5

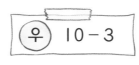 우 10 − 3

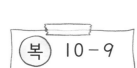 복 10 − 9

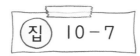 집 10 − 7

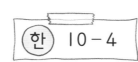 한 10 − 4

5	1	6	7	2	3

6

1) 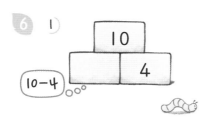 10 / 4 (10−4)

2) 10 / 7

3) 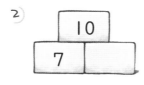 10 / 5

4) 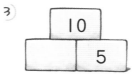 10 / 2

5) 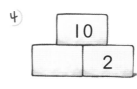 10 / 9

6) 10 / 0

7) 10 / 8

8) 10 / 1

9) 10 / 6

10) 10 / 10

7

10−2

8

1) 딸기 10개 중에서 6개를 먹었어요. 남은 딸기는 몇 개일까요?

식 ＿＿＿＿＿＿＿＿＿ 답 ＿＿＿개

2) 위인전이 5권, 동화책이 10권 있어요. 동화책은 위인전보다 몇 권 더 많을까요?

식 ＿＿＿＿＿＿＿＿＿ 답 ＿＿＿권

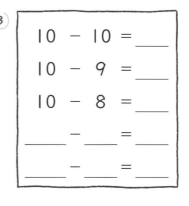

9 규칙에 맞게 빈칸에 알맞은 수를 써넣고 계산해 보세요.

1)
10 − 0 = ＿
10 − 1 = ＿
10 − 2 = ＿
＿ − ＿ = ＿
＿ − ＿ = ＿

2)
10 − 2 = ＿
10 − 4 = ＿
10 − ＿ = ＿
＿ − ＿ = ＿
＿ − ＿ = ＿

3)
10 − 10 = ＿
10 − 9 = ＿
10 − 8 = ＿
＿ − ＿ = ＿
＿ − ＿ = ＿

4)
10 − 9 = ＿
10 − 7 = ＿
10 − 5 = ＿
＿ − ＿ = ＿
＿ − ＿ = ＿

세 수의 합으로 10 만들기

1 10개의 구슬이 있어요. 빈칸에 알맞은 수를 써넣으세요.

1)

| 5 | 2 | |

2)

| | | |

3)

| | | |

4)

| | | |

5)

| | | |

6)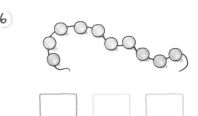

| | | |

2 3가지 색을 사용하여 여러 가지 방법으로 색칠하고 덧셈식으로 나타내어 보세요.

1)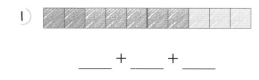

___ + ___ + ___

2)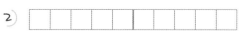

___ + ___ + ___

3)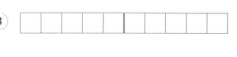

___ + ___ + ___

4)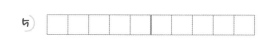

___ + ___ + ___

5)

___ + ___ + ___

6)

___ + ___ + ___

3 구슬이 10개가 되도록 빈칸에 알맞게 그려 넣고, 덧셈식으로 나타내어 보세요.

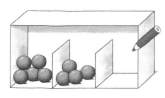

5 + 4 + ___

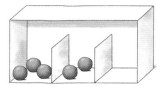

___ + ___ + ___

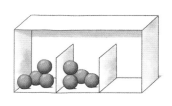

___ + ___ + ___

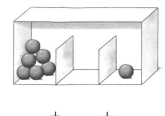

___ + ___ + ___

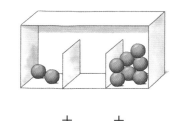

___ + ___ + ___

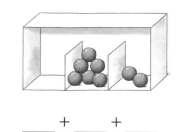

___ + ___ + ___

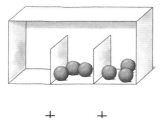

___ + ___ + ___

세 수의 합으로 10 만들기

4 ●의 수를 더해서 10이 되도록 빈 곳에 ●을 그려 넣고, 덧셈식으로 나타내어 보세요.

1)  ___ + ___ + ___ = 10

2)  ___ + ___ + ___ = 10

답은 여러 가지가 될 수 있어.

3)  ___ + ___ + ___ = 10

4) ___ + ___ + ___ = 10

5)  ___ + ___ + ___ = 10

6) ___ + ___ + ___ = 10

7) ___ + ___ + ___ = 10

8) ___ + ___ + ___ = 10

5 합하여 10이 되는 세 수를 찾아 색칠해 보세요.

1)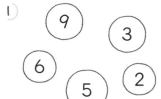

2)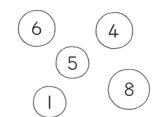

3)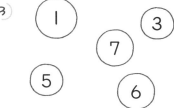

6 가로 또는 세로로 이어진 세 수의 합이 10이 되는 것을 모두 찾아 ◯로 묶고, 덧셈식을 써 보세요.

1)

2	1	3	6
3	3	4	2
3	5	2	1
3	1	1	7

1+3+6=10

_____

_____

2)

6	1	2	1
2	1	5	4
2	4	2	4
5	3	2	1

_____

_____

_____

7 주어진 수를 한 번씩 사용하여 한 줄에 놓인 세 수의 합이 10이 되도록 ◯ 안에 수를 써넣으세요.

1) 1 2 3 4 5
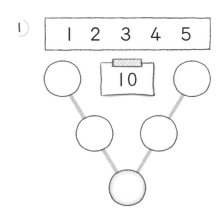

2) 1 2 3 5 7
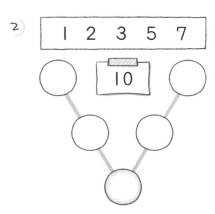

3) 1 2 3 5 6
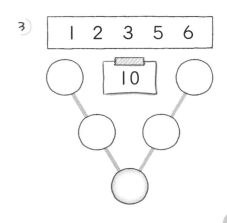

10에서 두 수 빼기

1 ●을 알맞게 그려 넣고 ☐ 안에 수를 써넣으세요.

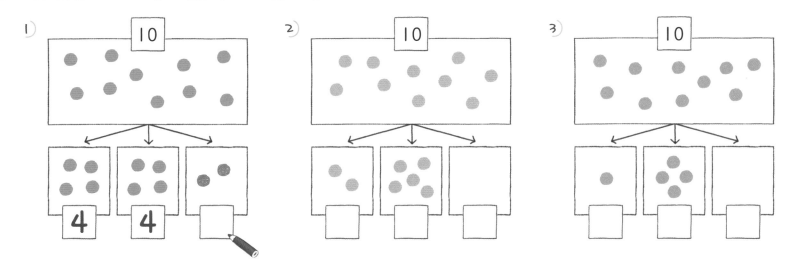

2 식에 맞게 그림을 /으로 지워서 계산해 보세요.

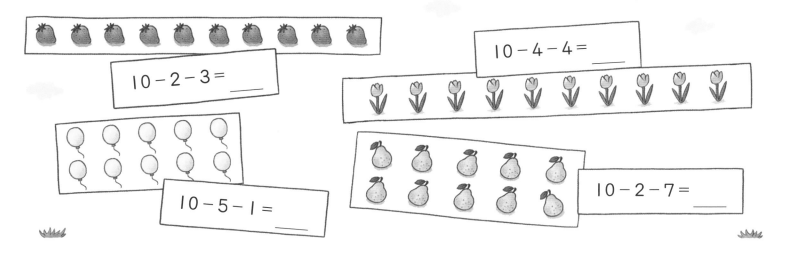

$10-2-3=$ ____

$10-4-4=$ ____

$10-5-1=$ ____

$10-2-7=$ ____

3 구슬이 모두 10개가 있어요. 보이지 않는 구슬은 몇 개인지 뺄셈식으로 나타내어 보세요.

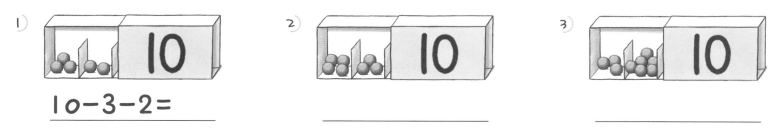

1) $10-3-2=$ ____

4 그림을 보고 알맞은 뺄셈식을 써 보세요.

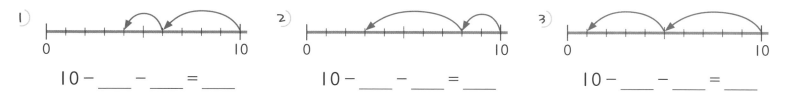

1) $10-$____$-$____$=$____

2) $10-$____$-$____$=$____

3) $10-$____$-$____$=$____

5 공깃돌 10개가 담겨 있던 주머니에서 그림과 같이 공깃돌을 꺼내면 몇 개가 남아 있을까요? 그림을 보고 알맞은 뺄셈식을 만들어 보세요.

1)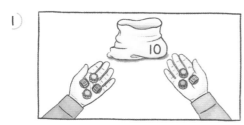

10−

2)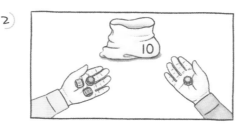

3)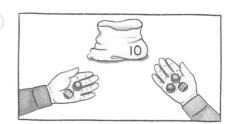

6 주어진 수를 ☐ 안에 한 번씩 써넣어 문제를 완성한 다음, 알맞은 뺄셈식을 쓰고 답을 구해 보세요.

1)

토마토 ☐개 중에서 내가 ☐개를 먹고, 동생이 ☐개를 먹었어요. 남아 있는 토마토는 몇 개일까요?

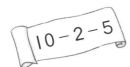 식 _____ 답 ___개

2)

상자에 들어 있던 구슬 ☐개 중에서 친구에게 ☐개를 주고, 내가 ☐개를 가졌어요. 상자에 남아 있는 구슬은 몇 개일까요?

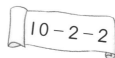 식 _____ 답 ___개

7 계산 결과를 찾아 선으로 이어 보세요.

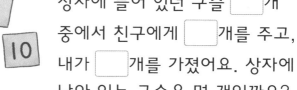

10 − 2 − 5   10 − 2 − 3   10 − 3 − 4   10 − 2 − 2

10 − 3 − 2   10 − 3 − 1

10 − 6 − 1   10 − 1 − 3   10 − 4 − 1

8 계산 결과가 가장 큰 것은 하늘색, 가장 작은 것은 분홍색으로 칠해 보세요.

10 − 3 − 5   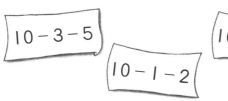 10 − 5 − 2   10 − 4 − 6   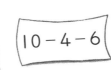 10 − 1 − 4

10 − 1 − 2   10 − 2 − 3    10 − 2 − 2

앞의 두 수로 10 만들기

빨간색 구슬이 6개, 노란색 구슬이 4개, 파란색 구슬이 7개 있어.

먼저 빨간색 구슬 6개와 노란색 구슬 4개를 더하면 10개야.

10에 파란색 구슬의 수인 7을 더하면 구슬은 모두 17개야.

$$6 + 4 + 7 = 17$$

1 세 수를 더해 보세요.

1)
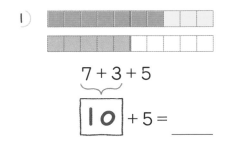

$$7 + 3 + 5$$

$$\boxed{10} + 5 = \underline{\quad}$$

2)
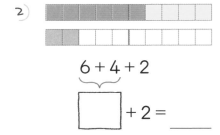

$$6 + 4 + 2$$

$$\boxed{} + 2 = \underline{\quad}$$

3)
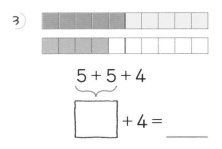

$$5 + 5 + 4$$

$$\boxed{} + 4 = \underline{\quad}$$

4)
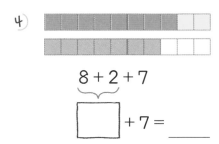

$$8 + 2 + 7$$

$$\boxed{} + 7 = \underline{\quad}$$

5)
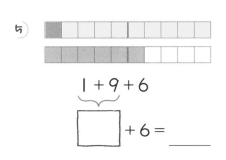

$$1 + 9 + 6$$

$$\boxed{} + 6 = \underline{\quad}$$

6)
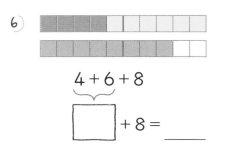

$$4 + 6 + 8$$

$$\boxed{} + 8 = \underline{\quad}$$

2 모두 몇 개일까요? 10이 되도록 그림을 묶고 덧셈식으로 나타내어 보세요.

1)
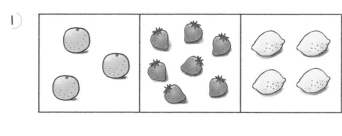

$$\underline{\quad} + \underline{\quad} + \underline{\quad} = \underline{\quad}$$

2)
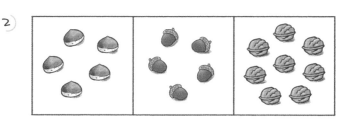

$$\underline{\quad} + \underline{\quad} + \underline{\quad} = \underline{\quad}$$

3)
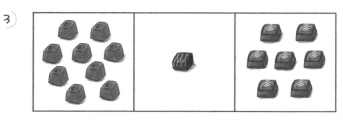

$$\underline{\quad} + \underline{\quad} + \underline{\quad} = \underline{\quad}$$

4)
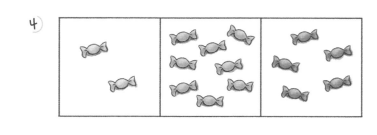

$$\underline{\quad} + \underline{\quad} + \underline{\quad} = \underline{\quad}$$

3 그림에 알맞은 덧셈식을 써 보세요.

1)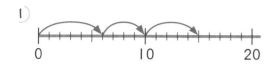

$$\underline{6} + \underline{4} + \underline{5} = \underline{}$$

2)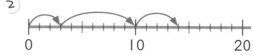

$$\underline{} + \underline{} + \underline{} = \underline{}$$

3)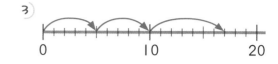

$$\underline{} + \underline{} + \underline{} = \underline{}$$

4)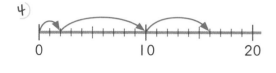

$$\underline{} + \underline{} + \underline{} = \underline{}$$

5)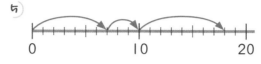

$$\underline{} + \underline{} + \underline{} = \underline{}$$

6)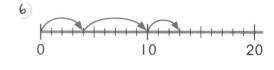

$$\underline{} + \underline{} + \underline{} = \underline{}$$

4

1)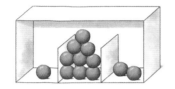

$$\underline{} + \underline{} + \underline{} = \underline{}$$

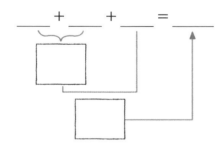

2)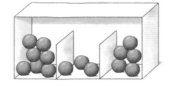

$$\underline{} + \underline{} + \underline{} = \underline{}$$

3)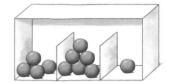

$$\underline{} + \underline{} + \underline{} = \underline{}$$

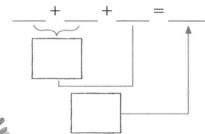

5 덧셈을 해 보세요.

1) $2 + 8 + 3 = \underline{}$

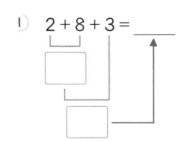

2) $5 + 5 + 6 = \underline{}$

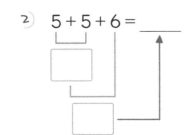

3) $9 + 1 + 4 = \underline{}$

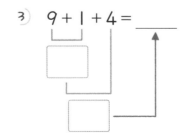

4) $6 + 4 + 7 = \underline{}$

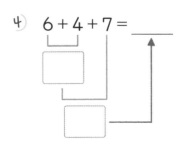

5) $3 + 7 + 9 = \underline{}$

6) $8 + 2 + 5 = \underline{}$

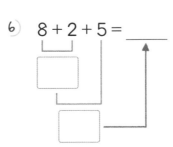

7) $4 + 6 + 2 = \underline{}$

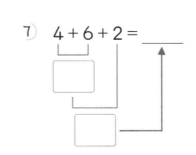

8) $1 + 9 + 8 = \underline{}$

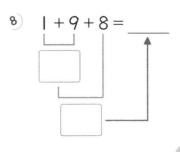

앞의 두 수로 10 만들기

1 그림에 알맞은 덧셈식을 찾아 선으로 잇고 덧셈을 해 보세요.

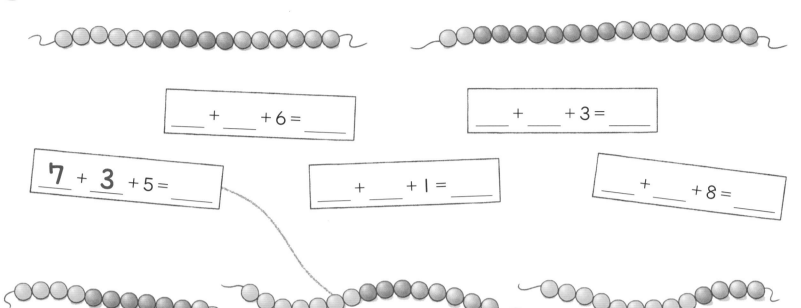

| ___ + ___ + 6 = ___ | | ___ + ___ + 3 = ___ |

| __7__ + __3__ + 5 = ___ | ___ + ___ + 1 = ___ | ___ + ___ + 8 = ___ |

2 그림에 알맞게 ○를 그리고 덧셈식으로 나타내어 보세요.

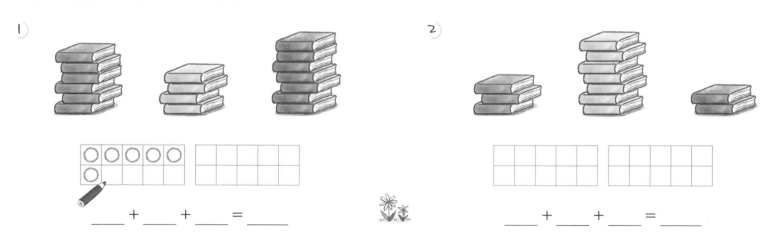

1)

___ + ___ + ___ = ___

2)

___ + ___ + ___ = ___

3 식에 맞게 표시하여 덧셈을 해 보세요.

1) 8 + 2 + 5 = ___

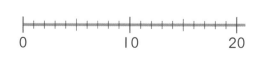

2) 7 + 3 + 6 = ___

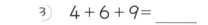

3) 4 + 6 + 9 = ___

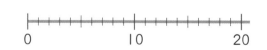

4) 3 + 7 + 8 = ___

5) 5 + 5 + 3 = ___

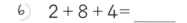

6) 2 + 8 + 4 = ___

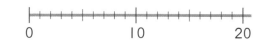

④ 빈칸에 알맞은 수를 써넣으세요.

1)
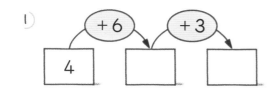

| 4 | +6 → | | +3 → | |

2)
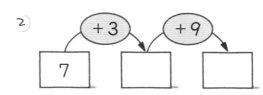

| 7 | +3 → | | +9 → | |

3)
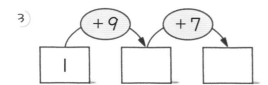

| 1 | +9 → | | +7 → | |

4)
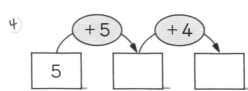

| 5 | +5 → | | +4 → | |

⑤
1)
$3 + 7 + 4 =$ ___

$3 + 7 \quad = 10$

$10 + 4 =$ ___

2)
$8 + 2 + 7 =$ ___

$8 + 2 \quad =$ ___

___ $+ 7 =$ ___

3)
$9 + 1 + 5 =$ ___

$9 + 1 \quad =$ ___

___ $+ 5 =$ ___

⑥
1) $4 + 6 + 8 =$ ___

2) $1 + 9 + 6 =$ ___

3) $5 + 5 + 9 =$ ___

4) $7 + 3 + 7 =$ ___

5) $8 + 2 + 2 =$ ___

6) $6 + 4 + 3 =$ ___

7) $3 + 7 + 1 =$ ___

8) $9 + 1 + 4 =$ ___

⑦ 관계있는 식끼리 선으로 잇고 계산해 보세요.

$3 + 7 + 6 =$ ___

$4 + 6 =$ ___

$10 + 5 =$ ___

$4 + 6 + 5 =$ ___

$2 + 8 =$ ___

$10 + 2 =$ ___

$2 + 8 + 1 =$ ___

$3 + 7 = 10$

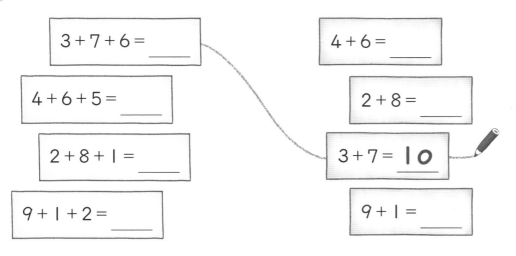

$10 + 6 =$ ___

$9 + 1 + 2 =$ ___

$9 + 1 =$ ___

$10 + 1 =$ ___

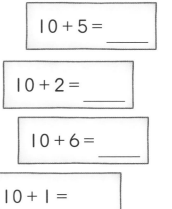

앞의 두 수로 10 만들기

1 알맞게 선으로 잇고 덧셈을 해 보세요.

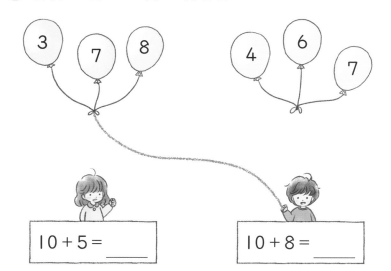

10 + 5 = _____

10 + 8 = _____

10 + 7 = _____

10 + 3 = _____

2 계산 결과가 같은 것끼리 같은 색으로 칠해 보세요.

10 + 5	10 + 6
10 + 7	10 + 8

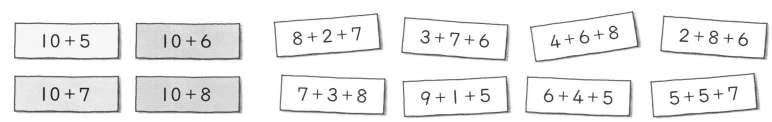

8 + 2 + 7   3 + 7 + 6   4 + 6 + 8   2 + 8 + 6

7 + 3 + 8   9 + 1 + 5   6 + 4 + 5   5 + 5 + 7

3 세 수를 더해 보세요.

1) 1 9 6

$1 + 9 + 6 =$ ___

2) 5 5 8

___ + ___ + ___ = ___

3) 6 4 3

___ + ___ + ___ = ___

4 계산 결과에 맞게 선으로 잇고, 남은 식 하나에 ✕표 하세요.

1 + 9 + 5

2 + 8 + 4

7 + 3 + 5

5 + 5 + 4

3 + 7 + 6

6 + 4 + 7

9 + 1 + 7

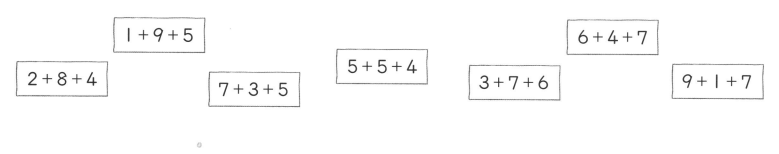

15   14   17

5 합이 다른 식 하나를 찾아 ×표 하세요.

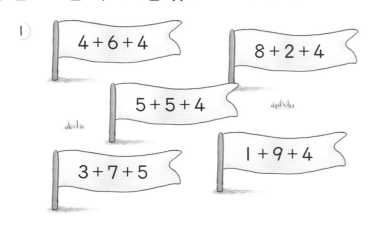

1)
4+6+4
8+2+4
5+5+4
3+7+5
1+9+4

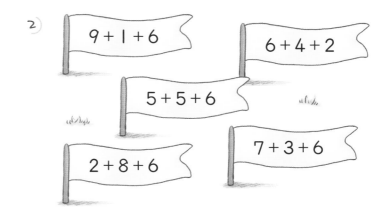

2)
9+1+6
6+4+2
5+5+6
2+8+6
7+3+6

6 합이 같은 것끼리 선으로 이어 보세요.

2+8+3
5+5+7
3+7+6
9+1+5
8+2+5
4+6+6
7+3+3
1+9+7

7 1) 빨간색 구슬 2개, 파란색 구슬 8개, 노란색 구슬 7개가 있어요. 구슬은 모두 몇 개일까요?

식 _____

답 _____개

2) 장미 7송이, 튤립 3송이, 해바라기 1송이가 있어요. 꽃은 모두 몇 송이일까요?

식 _____

답 _____송이

8 민아네 가족은 친구네 가족들과 함께 여행을 가기로 했어요. 여행을 가는 사람은 모두 몇 명일까요?

민아네	영서네	준우네
엄마, 아빠, 이모, 오빠, 민아, 동생	엄마, 아빠, 영서, 동생	엄마, 아빠, 준우

식 _____ 답 _____명

뒤의 두 수로 10 만들기

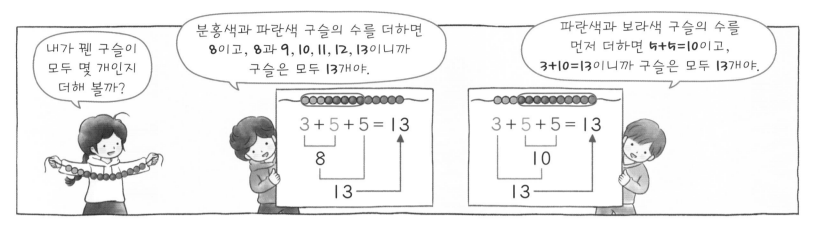

1 그림을 보고 빈칸에 알맞은 수를 써넣으세요.

1)

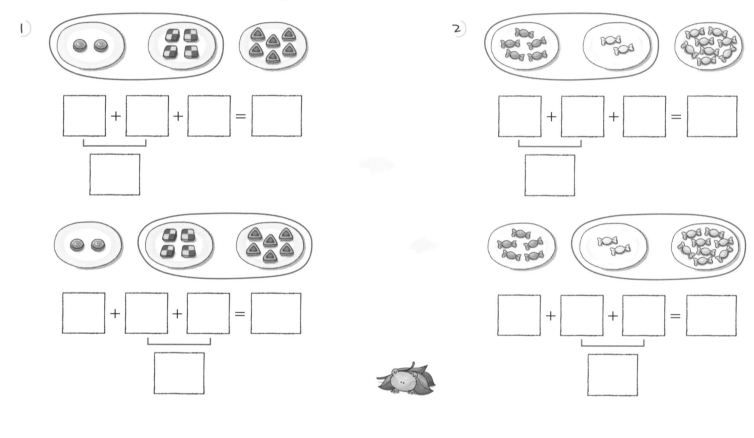

$$\boxed{} + \boxed{} + \boxed{} = \boxed{}$$

$$\boxed{} + \boxed{} + \boxed{} = \boxed{}$$

2)

$$\boxed{} + \boxed{} + \boxed{} = \boxed{}$$

$$\boxed{} + \boxed{} + \boxed{} = \boxed{}$$

2 1)

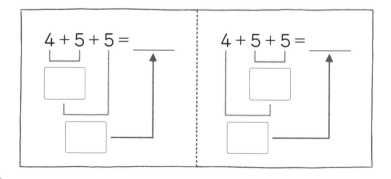

$$4 + 5 + 5 = \underline{}$$

$$4 + 5 + 5 = \underline{}$$

2)

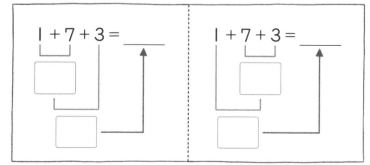

$$1 + 7 + 3 = \underline{}$$

$$1 + 7 + 3 = \underline{}$$

3 빈칸을 알맞게 색칠하여 덧셈을 해 보세요.

두 가지 색으로
한 줄이
채워지도록
색칠해 봐!

1) $2 + 7 + 3 =$ ___

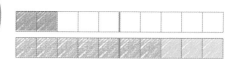

2) $4 + 8 + 2 =$ ___

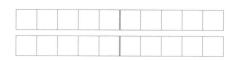

3) $7 + 6 + 4 =$ ___

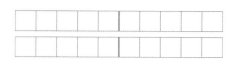

4) $8 + 1 + 9 =$ ___

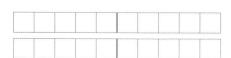

5) $6 + 5 + 5 =$ ___

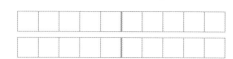

6) $9 + 3 + 7 =$ ___

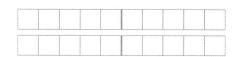

4

1)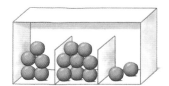

___ + ___ + ___ = ___

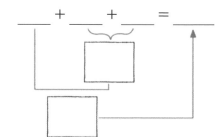

2)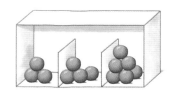

___ + ___ + ___ = ___

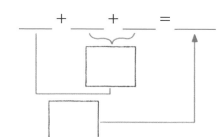

3)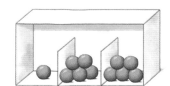

___ + ___ + ___ = ___

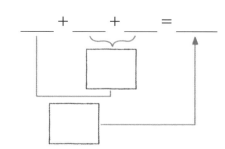

5 덧셈을 해 보세요.

1) $4 + 7 + 3 =$ ___

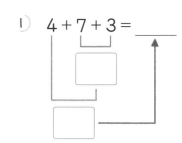

2) $2 + 6 + 4 =$ ___

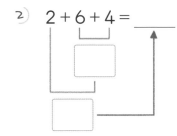

3) $8 + 5 + 5 =$ ___

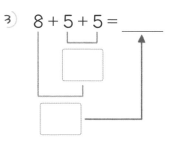

4) $5 + 9 + 1 =$ ___

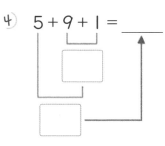

5) $3 + 2 + 8 =$ ___

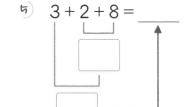

6) $6 + 3 + 7 =$ ___

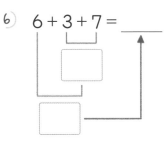

7) $7 + 1 + 9 =$ ___

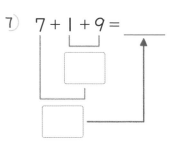

8) $9 + 4 + 6 =$ ___

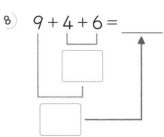

뒤의 두 수로 10 만들기

1 그림에 알맞은 덧셈식을 찾아 선으로 잇고, 더해서 10이 되는 주머니 2개를 색칠하여 덧셈을 해 보세요.

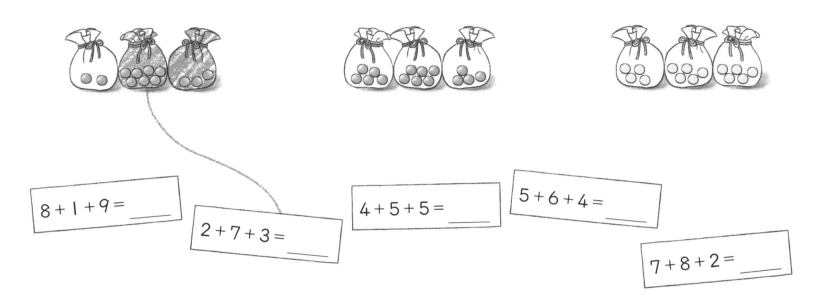

$8+1+9 = \underline{\hspace{1cm}}$

$2+7+3 = \underline{\hspace{1cm}}$

$4+5+5 = \underline{\hspace{1cm}}$

$5+6+4 = \underline{\hspace{1cm}}$

$7+8+2 = \underline{\hspace{1cm}}$

2 세 수를 더해 보세요.

1)

$6+7+3$

$6+\boxed{} = \underline{\hspace{1cm}}$

2)

$3+5+5$

$3+\boxed{} = \underline{\hspace{1cm}}$

3)

$5+4+6$

$5+\boxed{} = \underline{\hspace{1cm}}$

3 모두 몇 개일까요? 더해서 10이 되는 두 가지 색의 구슬을 ◯로 묶어서 계산해 보세요.

1)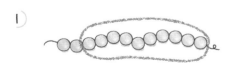

2)

3)

$\underline{\hspace{0.7cm}} + \underline{\hspace{0.7cm}} + \underline{\hspace{0.7cm}} = \underline{\hspace{0.7cm}}$

$\underline{\hspace{0.7cm}} + \underline{\hspace{0.7cm}} + \underline{\hspace{0.7cm}} = \underline{\hspace{0.7cm}}$

$\underline{\hspace{0.7cm}} + \underline{\hspace{0.7cm}} + \underline{\hspace{0.7cm}} = \underline{\hspace{0.7cm}}$

___개

___개

___개

④ 1) $3 + 1 + 9 =$ ____

2) $1 + 6 + 4 =$ ____

3) $7 + 8 + 2 =$ ____

4) $6 + 5 + 5 =$ ____

5) $2 + 3 + 7 =$ ____

6) $4 + 9 + 1 =$ ____

7) $8 + 4 + 6 =$ ____

8) $9 + 2 + 8 =$ ____

⑤ 관계있는 식끼리 선으로 잇고 계산해 보세요.

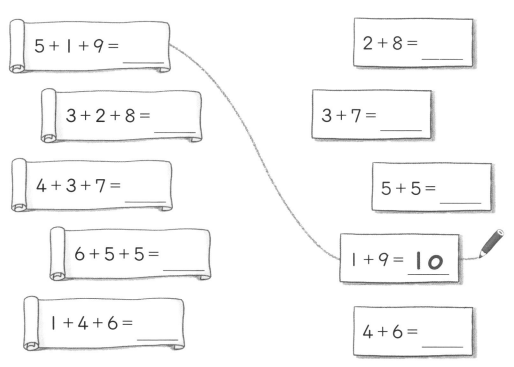

$5 + 1 + 9 =$ ____

$3 + 2 + 8 =$ ____

$4 + 3 + 7 =$ ____

$6 + 5 + 5 =$ ____

$1 + 4 + 6 =$ ____

$2 + 8 =$ ____

$3 + 7 =$ ____

$5 + 5 =$ ____

$1 + 9 = $ **IO**

$4 + 6 =$ ____

$3 + 10 =$ ____

$4 + 10 =$ ____

$5 + 10 =$ ____

$1 + 10 =$ ____

$6 + 10 =$ ____

⑥ 계산 결과가 같은 것끼리 같은 색으로 칠해 보세요.

$4 + 10$

$6 + 10$

$9 + 10$

$3 + 10$

$3 + 8 + 2$

$3 + 6 + 4$

$4 + 5 + 5$

$6 + 1 + 9$

$6 + 7 + 3$

$9 + 4 + 6$

$4 + 2 + 8$

$9 + 3 + 7$

같은 색은 3개씩이야!

뒤의 두 수로 10 만들기

1 세 수를 더해 보세요.

1)
7 8 2

___ + ___ + ___ = ___

2)
5 9 1

___ + ___ + ___ = ___

3)
4 3 7

___ + ___ + ___ = ___

2 10이 되는 두 수를 찾아 ◯로 묶고 덧셈을 해 보세요.

1)
$2 + (7 + 3) =$ ___

$8 + 5 + 5 =$ ___

$3 + 6 + 4 =$ ___

2)
$1 + 2 + 8 =$ ___

$5 + 3 + 7 =$ ___

$6 + 9 + 1 =$ ___

3)
$9 + 4 + 6 =$ ___

$7 + 5 + 5 =$ ___

$4 + 7 + 3 =$ ___

3 합이 다른 식 하나를 찾아 ✕표 하세요.

1)
$4+3+7$

$3+6+4$

$4+1+9$

$4+5+5$

$4+8+2$

2)
$8+5+5$

$8+9+1$

$8+7+3$

$6+2+8$

$8+4+6$

4 합이 같은 것끼리 선으로 이어 보세요.

$3+5+5$ $4+7+3$ $6+8+2$ $8+6+4$ $7+2+8$

$6+9+1$ $3+4+6$ $7+3+7$ $4+1+9$ $8+5+5$

뒤의 두 수로 10 만들기

5

1) 기린과 토끼와 코끼리는 모두 몇 마리일까요?

____ + ____ + ____ = ____, ____마리

2) 토끼와 기린과 다람쥐는 모두 몇 마리일까요?

____ + ____ + ____ = ____, ____마리

6

1) 바구니에 딸기가 9개, 바나나가 7개, 귤이 3개 들어 있어요. 과일은 모두 몇 개일까요?

식 _____ 답 ____개

2) 단풍나무가 5그루, 소나무가 4그루, 은행나무가 6그루 있어요. 나무는 모두 몇 그루일까요?

식 _____ 답 ____그루

3) 책상 위에 교과서가 4권, 동화책이 5권, 만화책이 5권 놓여 있어요. 책상 위에 놓여 있는 책은 모두 몇 권일까요?

식 _____ 답 ____권

4) 1학년 학생 6명, 2학년 학생 9명, 3학년 학생 1명이 운동을 하고 있어요. 운동을 하고 있는 학생은 모두 몇 명일까요?

식 _____ 답 ____명

7 더해서 17이 되는 3개의 칸을 찾아 색칠해 보세요.

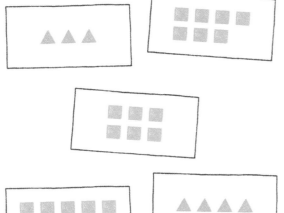

8 ♥과 ♠에 알맞은 수를 넣어서 만들 수 있는 덧셈식을 4개씩 써 보세요.

1)

$3 + ♥ + ♠ = 13$

_____

_____

_____

2)

$6 + ♥ + ♠ = 16$

_____

_____

_____

양 끝의 두 수로 10 만들기

빨간 색연필 **5**자루, 파란 색연필 **3**자루, 노란 색연필 **5**자루가 있어.

색연필의 수는 **5+3+5**를 계산하면 알 수 있어.

빨간 색연필의 수와 노란 색연필의 수를 더한 **10**에 **3**을 더하면 **13**이야.

$5 + 3 + 5 = 13$
10

1 더해서 10이 되는 두 개를 색칠하고 덧셈을 해 보세요.

1) $5 + 2 + 5 = $ ____

2) $4 + 5 + 6 = $ ____

3) $7 + 6 + 3 = $ ____

4) $9 + 7 + 1 = $ ____

5) $8 + 1 + 2 = $ ____

6) $6 + 8 + 4 = $ ____

2 모두 몇 개일까요? 더해서 10이 되는 두 개의 모양을 선으로 잇고 계산해 보세요.

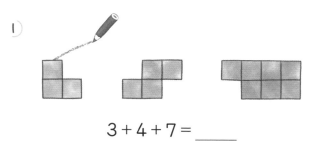

1) $3 + 4 + 7 = $ ____

2) $5 + 9 + 5 = $ ____

3 합이 10이 되는 두 수를 색칠하고 덧셈을 해 보세요.

1) ② + ⑤ + ⑧
➡ 10 + ____ = ____

2) ⑥ + ⑦ + ④
➡ 10 + ____ = ____

3) ① + ⑥ + ⑨
➡ 10 + ____ = ____

4) ⑦ + ⑧ + ③
➡ 10 + ____ = ____

5) ⑨ + ② + ①
➡ 10 + ____ = ____

6) ④ + ③ + ⑥
➡ 10 + ____ = ____

4 관계있는 식끼리 선으로 잇고 계산해 보세요.

8 + 7 + 2 = _____

1 + 3 + 9 = _____

3 + 4 + 7 = _____

5 + 6 + 5 = _____

6 + 5 + 4 = _____

1 + 9 = _____

3 + 7 = _____

8 + 2 = _____

6 + 4 = _____

5 + 5 = _____

10 + 7 = _____

10 + 5 = _____

10 + 3 = _____

10 + 4 = _____

10 + 6 = _____

5 계산 결과가 같은 것끼리 같은 색으로 칠해 보세요.

1 + 2 + 9

3 + 5 + 7

9 + 6 + 1

2 + 5 + 8

8 + 6 + 2

4 + 9 + 6

7 + 2 + 3

5 + 9 + 5

6 세 수를 더해 보세요.

l)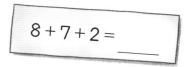

___ + ___ + ___ = ___

2)

___ + ___ + ___ = ___

3)

___ + ___ + ___ = ___

4)

___ + ___ + ___ = ___

5)

___ + ___ + ___ = ___

6)

___ + ___ + ___ = ___

양 끝의 두 수로 10 만들기

1 계산 결과에 맞게 선으로 잇고, 남은 식 하나에 ✕표 하세요.

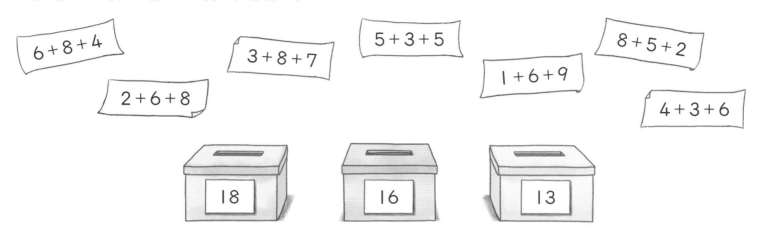

$6+8+4$ $3+8+7$ $5+3+5$ $8+5+2$
$2+6+8$ $1+6+9$ $4+3+6$

| 18 | 16 | 13 |

2 모양이 같은 것끼리 모아 쿠키를 상자에 담으려고 해요. ●, ★, ■ 모양의 쿠키는 각각 몇 개일까요?

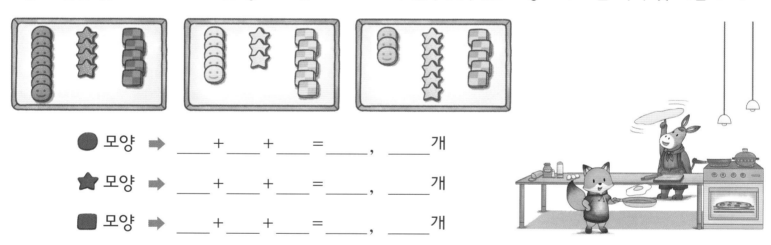

● 모양 ➡ ___ + ___ + ___ = ___ , ___ 개

★ 모양 ➡ ___ + ___ + ___ = ___ , ___ 개

■ 모양 ➡ ___ + ___ + ___ = ___ , ___ 개

3 주어진 글자 수에 맞게 속담을 완성해 보세요.

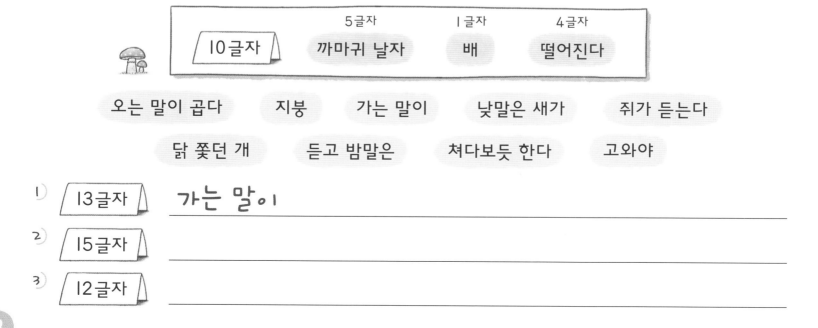

	5글자	1글자	4글자
10글자	까마귀 날자	배	떨어진다

오는 말이 곱다   지붕   가는 말이   낮말은 새가   쥐가 듣는다

닭 쫓던 개   듣고 밤말은   쳐다보듯 한다   고와야

1) 13글자 ┃ 가는 말이

2) 15글자 ┃

3) 12글자 ┃

4 가로 또는 세로로 한 줄에 놓인 세 수의 합이 ⬭ 안의 수가 되는 것을 찾아 색칠하고 식을 써 보세요.

1) **15**

8	1	2
5	4	5
2	9	1

2) **18**

3	8	7
1	6	9
7	2	3

3) **13**

3	6	1
7	4	3
1	6	9

4) **17**

2	3	5
9	2	1
8	7	2

5 화살표 방향으로 놓인 세 수의 합을 구해 봐.

6	1	8
7	5	3
2	9	4

___ + 5 + ___ = ___

___ + 5 + ___ = ___

___ + 5 + ___ = ___

___ + 5 + ___ = ___

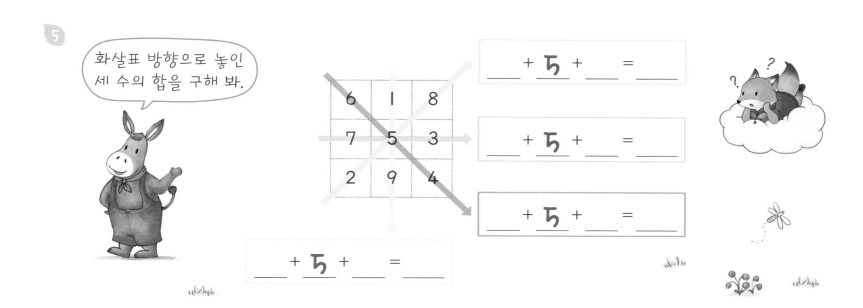

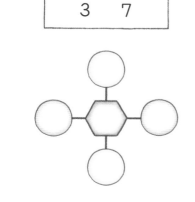

6 주어진 수를 한 번씩 사용하여 한 줄에 놓인 세 수의 합이 서로 같도록 만들어 보세요.

1)
1	6	9
	3 7	

2)
2	6	8
	4 7	

3)
1	4	9
	5 6	

4)
3	4	8
	2 6	

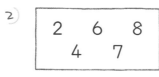 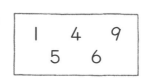 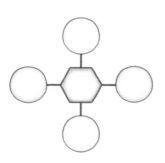 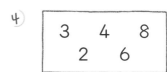 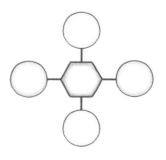

세 수의 합 ➡ ___   세 수의 합 ➡ ___   세 수의 합 ➡ ___   세 수의 합 ➡ ___

10 만들어 더하기

1 더해서 10이 되는 두 개를 색칠하고 덧셈을 해 보세요.

1)

$6 + 5 + 4 = $ _____

2)

$2 + 8 + 3 = $ _____

3)

$8 + 9 + 1 = $ _____

4)

$1 + 4 + 6 = $ _____

5)

$6 + 3 + 7 = $ _____

6)

$5 + 4 + 5 = $ _____

7)

$8 + 2 + 7 = $ _____

8)

$1 + 2 + 9 = $ _____

2 합이 10이 되는 두 수를 〇로 묶고 덧셈을 해 보세요.

1)
6
4 3

➡ $10 + $ **3** $ = $ _____

2)
9
8 1

➡ $10 + $ _____ $ = $ _____

3)
5
8 2

➡ $10 + $ _____ $ = $ _____

4)
3
7 1

➡ $10 + $ _____ $ = $ _____

3 합이 10이 되는 두 수를 색칠하고 덧셈을 해 보세요.

1) | 5 | 2 | 5 |

$10 + 2 = $ _____

2) | 7 | 3 | 1 |

_____

3) | 2 | 6 | 8 |

_____

4) | 9 | 6 | 4 |

_____

5) | 4 | 3 | 7 |

_____

6) | 1 | 5 | 9 |

_____

7) | 3 | 4 | 6 |

_____

8) | 9 | 1 | 7 |

_____

4 합이 10이 되는 두 수를 찾아 〇표 하고 덧셈을 해 보세요.

1)
③+8+⑦= _____

$8 + 2 + 9 = $ _____

$6 + 1 + 9 = $ _____

2)
$9 + 2 + 1 = $ _____

$4 + 6 + 5 = $ _____

$7 + 2 + 8 = $ _____

3)
$5 + 3 + 5 = $ _____

$4 + 3 + 7 = $ _____

$6 + 1 + 4 = $ _____

5

1)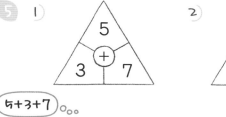

2)

3)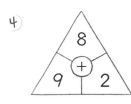

4)

5)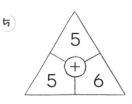

5+3+7 ⚬⚬⚬ _____

6)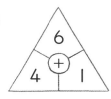

7)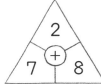

8)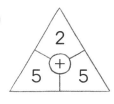

9)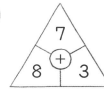

10)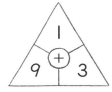

_____   _____   _____   _____

6 계산 결과가 같은 것끼리 선으로 이어 보세요.

합이 같은
식은 **3**개씩
있어.

$2 + 7 + 8$

$5 + 5 + 7$

$9 + 1 + 6$

$8 + 3 + 7$

$7 + 3 + 4$

$1 + 9 + 8$

$5 + 8 + 5$

$2 + 4 + 8$

$6 + 8 + 2$

$7 + 4 + 6$

$4 + 5 + 5$

$3 + 6 + 7$

7

동생의 나이는 **7**살이고,
나는 동생보다 **3**살이 많아요.
나와 동생의 나이를 더하면
몇 살일까요?

식 _____   답 _____ 살

8 구슬에 적힌 두 수의 합이 IO이 되도록 수를 써넣고, 덧셈을 해 보세요.

1) ① + ⑨ + 8 = ____

○ + ④ + 2 = ____

○ + ② + 5 = ____

⑤ + ○ + 6 = ____

2) 1 + ⑦ + ○ = ____

9 + ○ + ⑧ = ____

3 + ⑨ + ○ = ____

7 + ⑥ + ○ = ____

3) ○ + 5 + ① = ____

③ + 4 + ○ = ____

○ + 1 + ⑧ = ____

④ + 8 + ○ = ____

10 만들어 더하기

1

1)
+			
1	3	9	
6	4	1	
4	7	3	

2)
+			
3	5	7	
8	5	5	
2	7	3	

3)
+			
2	8	4	
4	9	6	
6	1	9	

2 덧셈을 하여 계산 결과에 알맞은 글자를 써 보세요.

(뻔) 5+7+3   (꽃) 1+8+9   (요) 4+9+6   (이) 5+5+4

(어) 1+9+3   (피) 7+2+8   (었) 2+8+1   (예) 2+6+4

12	15	18	14	17	11	13	19

3 계산 결과를 찾아 차례대로 점을 이어 보세요.

1) 6+1+4   2) 6+5+5   3) 8+3+7

4) 5+1+9   5) 2+9+8   6) 4+6+3

7) 7+3+2   8) 5+7+5   9) 9+1+4

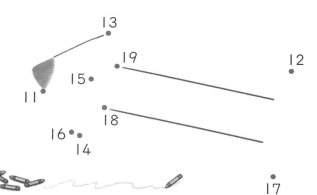

4 옳은 식을 모두 찾아 ☑표 하고, 잘못된 식은 답을 바르게 고쳐 보세요.

1)
☑ 5+8+5=18
☐ 1+4+9=~~15~~ 14
☐ 8+2+3=13
☐ 6+7+3=17

2)
☐ 9+1+7=19
☐ 2+5+8=15
☐ 1+6+4=11
☐ 2+5+5=17

3)
☐ 4+3+6=14
☐ 3+7+2=12
☐ 8+9+2=18
☐ 6+1+9=16

5 숫자 카드 3장을 골라 여러 가지 덧셈식을 완성해 보세요.

1) 5 4 3 6

___ + ___ + ___ = 15

___ + ___ + ___ = 15

___ + ___ + ___ = 15

2) 3 8 7 2

___ + ___ + ___ = 12

___ + ___ + ___ = 12

___ + ___ + ___ = 12

3) 1 6 4 9

___ + ___ + ___ = 16

___ + ___ + ___ = 16

___ + ___ + ___ = 16

6 규칙을 찾아 빈칸에 알맞은 수를 써넣으세요.

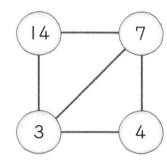
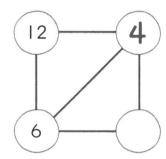
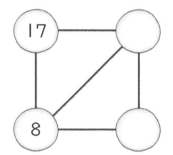
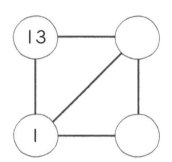

7 규칙에 맞게 빈칸에 알맞은 수를 써넣고 물음에 답하세요.

1)
$8 + 3 + 2 =$ ___

$8 + 4 + 2 =$ ___

$8 + 5 + 2 =$ ___

___ + ___ + ___ = ___

___ + ___ + ___ = ___

2)
$5 + 6 + 4 =$ ___

$4 + 6 + 4 =$ ___

$3 + 6 + 4 =$ ___

___ + ___ + ___ = ___

___ + ___ + ___ = ___

3)
$1 + 9 + 2 =$ ___

$2 + 8 + 2 =$ ___

$3 + 7 + 2 =$ ___

___ + ___ + ___ = ___

___ + ___ + ___ = ___

4) 1) ~ 3) 중에서 어느 것을 설명하고 있는지 찾아 ☐ 안에 쓰고, 빈칸에 알맞은 말을 써넣으세요.

"첫 번째 수는 1씩 커지고,
두 번째 수는 1씩 작아져요.
그리고 세 번째 수는 항상 같아요.

그래서 계산 결과는 _____."

"첫 번째 수는 항상 같고,
두 번째 수는 1씩 커져요.
그리고 세 번째 수는 항상 같아요.

그래서 계산 결과는 _____."

10 만들어 더하기

1 주어진 세 수를 더하여 만들 수 있는 덧셈식을 모두 쓰고 계산해 보세요.

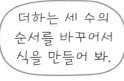 더하는 세 수의 순서를 바꾸어서 식을 만들어 봐.

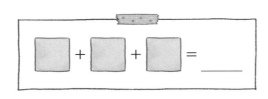 ☐ + ☐ + ☐ = _____

 서로 다른 덧셈식을 6개씩 만들 수 있어.

1)  6 4 5

$6 + 4 + 5 =$ _____

$6 + 5 + 4 =$ _____

$4 + \underline{} + \underline{} =$ _____

$4 + \underline{} + \underline{} =$ _____

_____

_____

2)  3 9 7

_____

_____

_____

_____

_____

_____

3)  1 2 8

_____

_____

_____

_____

_____

_____

2 두 수의 합이 10이 되도록 빈칸에 수를 써넣어 서로 다른 덧셈식을 만들고 계산해 보세요.

1) $4 + \mathbf{6} + 9 =$ _____

$4 + \underline{1} + 9 =$ _____

2) $8 + \underline{} + 1 =$ _____

$8 + \underline{} + 1 =$ _____

3) $\underline{} + 7 + 5 =$ _____

$\underline{} + 7 + 5 =$ _____

4) $6 + 3 + \underline{} =$ _____

$6 + 3 + \underline{} =$ _____

3 두 수의 합이 10이 되도록 ☐ 안에 수를 쓴 다음, 세 수를 더하여 만들 수 있는 덧셈식을 모두 쓰고 계산해 보세요.

1) 2 ☐ 7

_____

_____

_____

2) ☐ 6 1

_____

_____

_____

74

10 만들어 더하기

4 숫자 카드 [3], [4], [6], [8] 중에서 2장을 골라 서로 다른 덧셈식을 완성해 보세요.

1) [ ]+7+[ ]=16

2) [ ]+6+[ ]=13

3) [ ]+5+[ ]=15

_____

_____

5 가로 또는 세로 방향으로 이어진 세 수의 합이 카드에 적힌 수와 같은 것을 찾아 카드와 같은 색으로 칠해 보세요.

1) [18] [11] [14] [16]

8	9	1	2
5	5	1	9
2	5	3	1
8	2	4	6

2) [17] [15] [12] [13]

1	7	2	3
5	6	4	6
2	3	1	7
3	1	9	4

6 가로 또는 세로 방향으로 한 줄에 놓인 세 수의 합이 가장 큰 것과 가장 작은 것을 찾아 각각 ○로 묶고, 덧셈식으로 나타내어 보세요.

1)
8	2	9
6	4	1
2	8	3

2)
4	3	7
9	1	3
6	7	4

3)
3	8	2
7	3	6
8	2	4

4)
1	2	8
5	5	2
9	5	5

_____

_____

7 합이 ☁ 안의 수가 되는 세 수를 찾아 ○표 하세요.

1) 17

5	6	7
4	3	1

2) 15

2	1	8
7	4	5

3) 18

2	4	3
7	8	5

4) 14

8	6	9
3	1	4

계산 결과 비교하기

1 계산 결과가 더 큰 쪽에 색칠해 보세요.

1)
| 2 + 7 + 3 | 4 + 6 + 3 |

2)
| 8 + 5 + 2 | 3 + 5 + 5 |

3)
| 1 + 9 + 2 | 1 + 3 + 7 |

4)
| 9 + 8 + 1 | 7 + 8 + 2 |

5)
| 5 + 5 + 8 | 8 + 4 + 2 |

6)
| 1 + 4 + 9 | 3 + 7 + 5 |

7)
| 7 + 6 + 4 | 5 + 9 + 5 |

8)
| 1 + 2 + 8 | 9 + 1 + 3 |

9)
| 7 + 5 + 3 | 5 + 5 + 6 |

2 ◯ 안에 >, =, <를 알맞게 써넣으세요.

1) 4 + 6 + 5 ◯ 14

3 + 2 + 8 ◯ 13

9 + 7 + 1 ◯ 19

2) 1 + 5 + 5 ◯ 15

7 + 4 + 3 ◯ 13

8 + 2 + 6 ◯ 16

3) 6 + 4 + 8 ◯ 9 + 2 + 8

7 + 5 + 5 ◯ 1 + 9 + 5

7 + 2 + 3 ◯ 3 + 6 + 4

3 합이 가장 큰 식에 ◯표, 가장 작은 식에 △표 하세요.

6 + 2 + 4

3 + 7 + 1

2 + 4 + 8

9 + 1 + 3

7 + 5 + 3

5 + 5 + 7

1 + 6 + 9

8 + 6 + 4

8 + 2 + 9

4 합이 큰 식부터 차례대로 1, 2, 3, 4를 써넣으세요.

1)

2)

5 합이 작은 식부터 차례대로 이어 보세요.

$8+1+2$

$3+7+2$

$4+7+6$

$4+9+1$

$6+7+3$

$5+3+5$

$5+5+8$

$6+4+9$

6 합이 15보다 큰 식을 모두 찾아 ✓표 하세요.

| $6+2+8$ | V |

| $9+1+4$ | |

| $3+5+7$ | |

| $5+5+9$ | |

| $4+6+3$ | |

| $8+7+3$ | |

| $7+5+5$ | |

| $1+2+9$ | |

7 알맞은 색으로 칠해 보세요.

$2+3+8$

$1+7+9$

 13보다 작은 수

 13보다 크고 16보다 작은 수

 16보다 큰 수

 13, 16

$9+1+6$

$5+1+5$

$9+7+3$

$2+4+6$

$5+8+2$

$3+7+4$

$6+4+8$

8 ☐ 안에 알맞은 숫자를 모두 찾아 ○표 하세요.

1) $7+☐+3 < 15$ (0, 1, 2, 3, 4, 5, 6, 7, 8, 9)

2) $☐+1+9 > 14$ (0, 1, 2, 3, 4, 5, 6, 7, 8, 9)

3) $2+8+4 > 1☐$ (0, 1, 2, 3, 4, 5, 6, 7, 8, 9)

10을 이용한 모으기

1 10을 이용하여 모으기를 해 보세요.

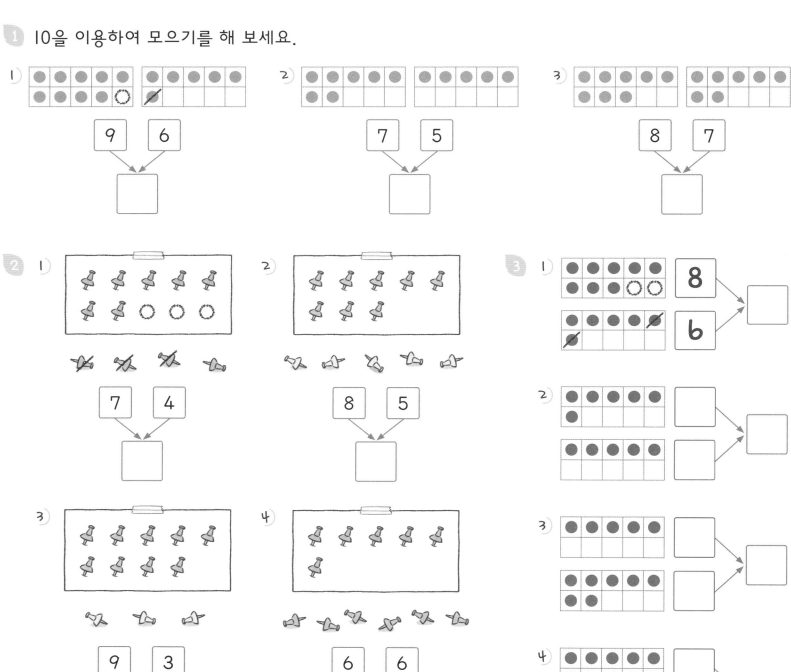

4 10을 이용하여 구슬의 수를 모으기 해 보세요.

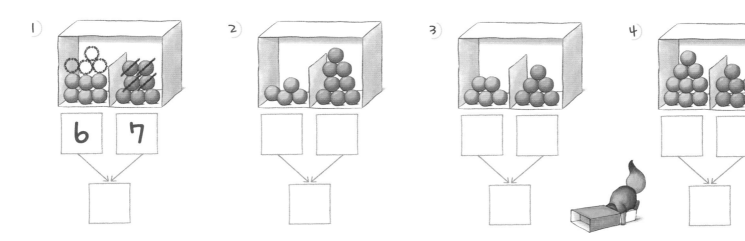

5 10개씩 묶어서 모으기를 해 보세요.

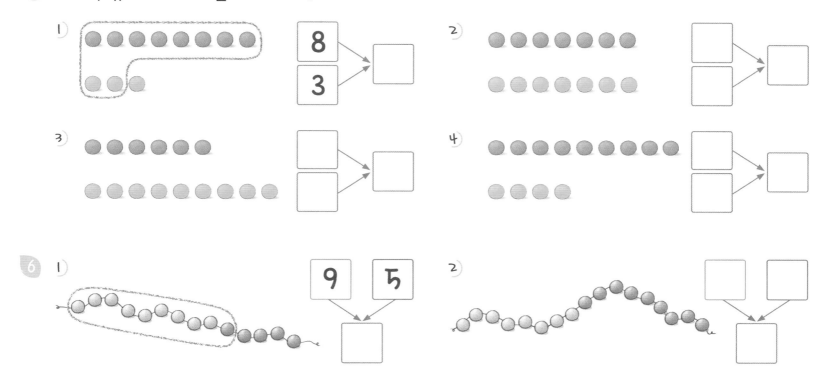

7 알맞은 수만큼 ○를 더 그려 넣어 두 수를 모으기 해 보세요.

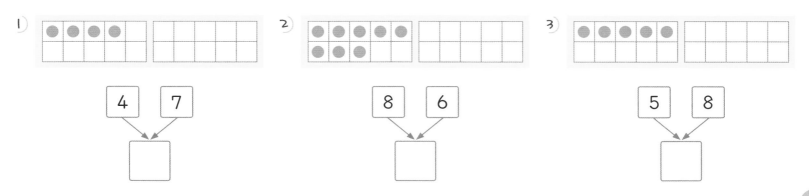

10을 이용한 모으기와 가르기

1 10을 이용하여 모으기와 가르기를 해 보세요.

1)

8	8	→	

10

2)

9	4	→	

10

2 10개씩 묶어서 모으기와 가르기를 해 보세요.

1)

6	9	→	

10

2)

7	5	→	

10

3 10개씩 묶어서 모으기와 가르기를 해 보세요.

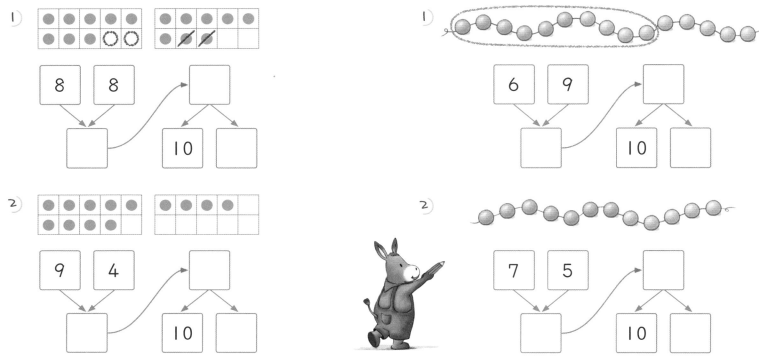

1)

9	5	→	

10

2)

7	8	→	

10

3)

3	9	→	

10

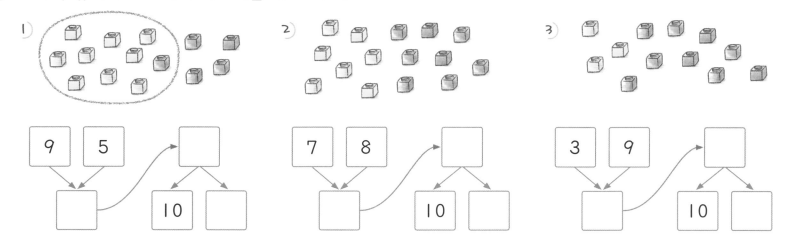

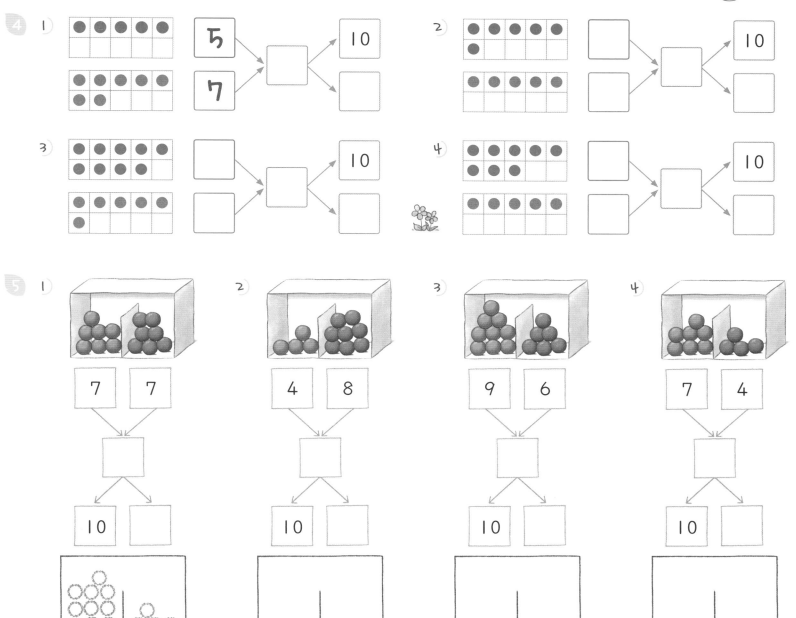

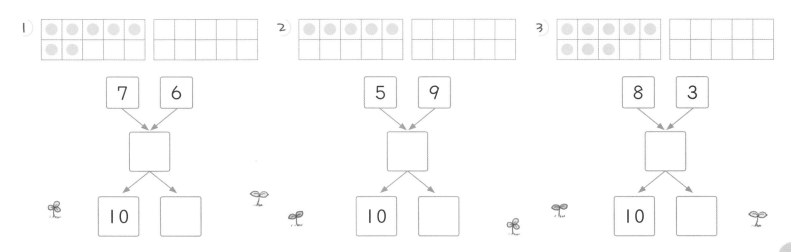

알맞은 수만큼 ○를 더 그려 넣고 모으기와 가르기를 해 보세요.

10을 이용한 모으기와 가르기

1 10을 이용하여 모으기와 가르기를 해 보세요.

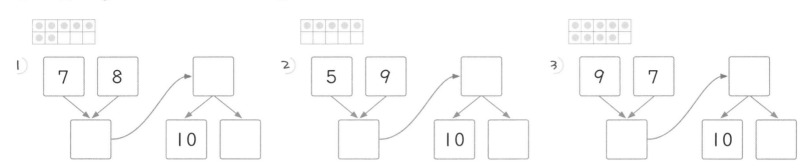

1) 7 8 → □ → 10 □

2) 5 9 → □ → 10 □

3) 9 7 → □ → 10 □

2 10을 이용하여 모으기와 가르기를 하고 물음에 답하세요.

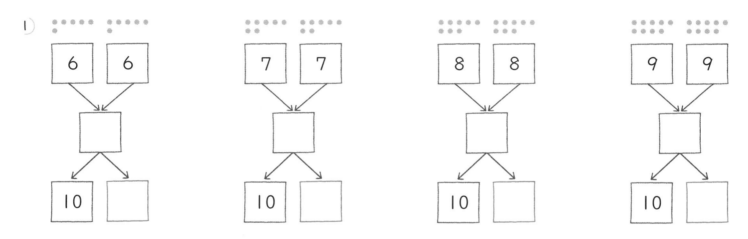

1) 6 6 → □ → 10 □   7 7 → □ → 10 □   8 8 → □ → 10 □   9 9 → □ → 10 □

2) 1)에서 □ 안의 수들은 어떤 규칙이 있나요?

➡ _____

3 수에 맞게 선을 그리고 □ 안에 알맞은 수를 써넣으세요.

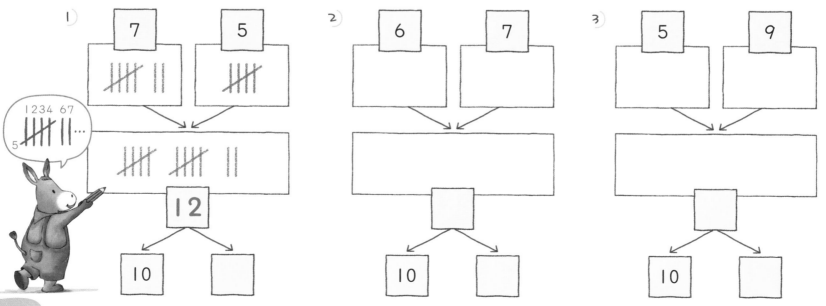

1) 7 5 → 12 → 10 □

2) 6 7 → □ → 10 □

3) 5 9 → □ → 10 □

10을 이용한 가르기

1

1
달걀 15개 중에서 10개를 판에 담으면 몇 개가 남을까요?

___개

2
사과 19개를 10칸짜리 상자에 담으면 몇 개가 남을까요?

___개

2 색연필 10자루를 통에 담으면 몇 자루가 남을까요?

1
___자루

2
___자루

3
___자루

4
___자루

3 가르기를 하여 보이지 않는 구슬의 수를 구해 보세요.

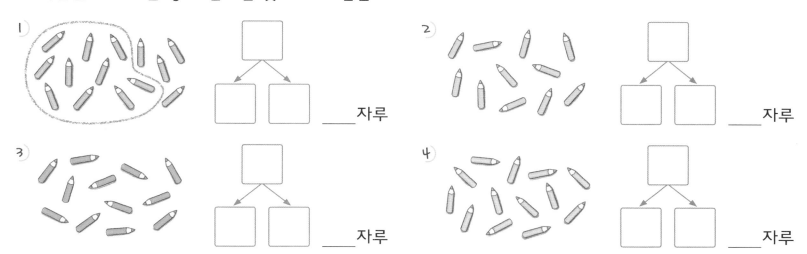

13 → 10 ☐

15 → ☐ ☐

18 → ☐ ☐

16 → ☐ ☐

4 위의 수를 가르기 하여 아래에 써 봐.

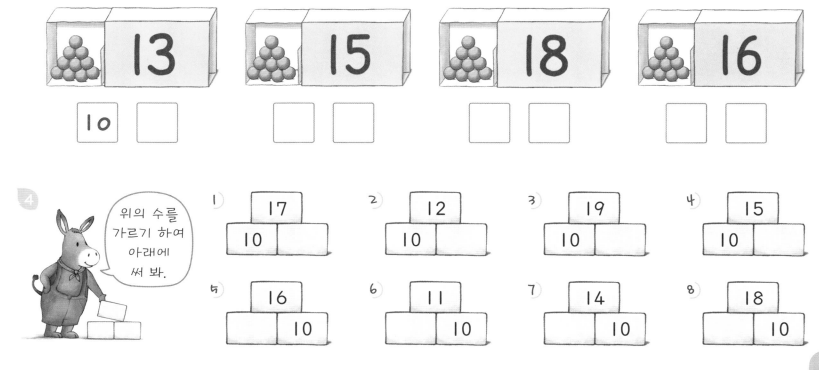

1
17
10	

2
12
10	

3
19
10	

4
15
10	

5
16
	10

6
11
	10

7
14
	10

8
18
	10